THE
FOREVER DOG

강아지부터 노견까지
오래오래 건강한 개를 만드는
간식과 집밥, 생활용품 레시피 120+

포에버 도그
라이프

로드니 하비브 &
캐런 쇼 베커 박사 지음

정지현 옮김

반려견 수명 연장 프로젝트 **실전편**

The
Forever Dog Life

코쿤북스

＊〈일러두기〉

1. 본문의 강조는 원서의 강조를 옮긴 것이다.
2. 옮긴이 주는 본문 중 괄호로 처리하고 '－옮긴이'로 표기했다.
3. 인명, 지명 등 외래어는 국립국어원의 외래어표기법을 따랐다. 단, 일부 단어들은 국내 매체에서 통용되는 사례를
   참조했다.
4. 파운드와 온스는 그램 혹은 킬로그램으로 변환했다.
   특히 정확성을 요하는 레시피의 중량은 1온스 = 28.349523g을 기준으로 계산해 소수점 첫째자리에서 반올림했다.
   157쪽의 급여 기준은 1온스당 칼로리를 1그램당 칼로리로 변환했고, 소숫점 셋째자리에서 반올림했다.
   이에 따라 1온스당 44칼로리의 레시피는 1그램당 1.55칼로리로 변환했다.

우리의 어머니, 지닌과 살와(샐리)에게 이 책을 바칩니다. 내 아이가 반려동물을 중요한 가족의 일원으로 대하는 다정한 문화 속에서 자라는 값진 경험을 누리기를 바라는 전 세계 모든 엄마들에게도 바칩니다. 맛있고 영양가 높은 음식을 해주셔서 감사합니다. 어머니 덕분에 마음으로 만드는 건강한 음식에 깃든 힘을 알게 되었어요.

차례

3장 간식과 토퍼

4장 완전하고 균형 잡힌 식사

2부 포에버 홈

5장 실내 & 야외 레시피

6장 몸을 위한 레시피

저자들의 말

이 책은 우리의 전작 『포에버 도그』와 마찬가지로 수많은 과학 연구, 1차 및 2차 정보, 추가 문헌을 참고했다. 일부 연구는 인간을 대상으로 이루어졌지만, 개와 인간의 소화관은 같은 시기에 진화했으므로 (별도의 언급이 없는 한) 사람의 건강에 이롭다면 개에게도 이로울 것이다. 이 책에는 사랑하는 반려견들의 장수는 물론이고 전반적인 건강과 행복을 끌어올릴 120가지 레시피와 생활 팁이 수록되어 있다. 본문과 사진을 최대한 보기 쉽도록 완전하고 균형 잡힌 식사의 영양 성분 정보와 모든 인용 및 참고 문헌은 이 책의 웹사이트(www.for-everdog.com)에 담았다. 따라서 전작 『포에버 도그』처럼 책 속 정보가 변화하고 발전함에 따라 계속 업데이트가 가능하다. 앞으로 자료에 변화가 생기더라도 책을 읽는 여러분에게는 불편함이 전혀 없을 것이다. 그저 오늘, 내일 그리고 살아가는 내내 여러분의 포에버 도그와 포에버 캣을 물심양면으로 지원하고 사랑하는 방법을 배우는 데만 온전히 집중해주기를 바란다.

콘케이로스 Conqueiros ,
보비가 누빈 뒷마당

들어가며

2023년 1월, 스무 살이 훨씬 넘었는데도 아주 건강한 개가 있다는 풍문이 들려왔다. 어쩌면 서른 살이 넘었을지도 모른다고 했다. 그 포에버 도그의 이름은 보비Bobi로, 포르투갈 중서부의 작은 마을 콘케이로스에 사는 부드러운 갈색과 흰색 털을 가진 중형 라페이로(rafeiro, 잡종 또는 믹스견을 뜻한다)였다.

우리는 곧바로 녀석에 대한 자세한 정보를 수소문하기 시작했다. 캐런이 인터넷에 글을 올려 누구든 보비에 대해 뭐라도 아는 것이 있다면 꼭 좀 연락을 달라고 간청했다. 글을 올린 지 몇 분 만에 100개가 넘는 댓글이 주르르 달렸고 한 시간도 안 되어 해시태그가 수천 건 게시됐다.

며칠 후 로드니의 핸드폰에 메시지 알림음이 울렸다. "안녕하세요, 로드니. 레오넬입니다. 포르투갈로 보비를 만나러 오지 않을래요?"

우리는 최대한 빠른 표를 예약하고 비행기에 올랐다.

우리가 만난 보비와 녀석의 반려인 레오넬 코스타Leonel Costa는 앞마당이 엄청나게 넓고 뒷마당에서는 거의 일 년 내내 닭과 토끼를 키우는 집에서 살고 있었다. 레오넬 가족은 먹거리를 대부분 직접 기른다. 배추, 감자, 토마토, 양상추, 오이, 파슬리, 고수 등등. 그리고 매주 지역 농산물 시장에서 신선한 생선을 사 온다. 보비는 평생 사람들이 먹고 남긴 건강한 집밥을 먹었다. 구운 두라다dourada(귀족 도미), (소금 친) 익힌 당근, 브로콜리, 감자, 닭 수프(canja), 삼키기 쉽도록 레오넬이 올리브 오일을 뿌려준 포르투갈식 옥수수빵 브로아broa 같은 것들이었다.

보비의 식단을 보자마자 몇 년 전에 만난 또 다른 포에버 도그, 스물한 살의 소형 믹스견 달시가 떠올랐다. 달시도 일곱 살 때부터 신선한 연어와 홍합, 강황과 약간의 애플 비니거를 기본으로 한 가정식을 먹었다. 2016년에 무지개다리를 건널 때 30세였던 것으로 알려진 호주의 켈피견 매기도 생각났다. 매기는 평생 농장에서 갓 짠 원유와 소꼬리, 건강한 음식을 먹고 살았다. 이 녀석들에게는 공통점이 하나 있다. 인간이 먹는 품질의 신선하고 다채롭고 영양가 풍부한 음식을 먹은 덕분에 모든 생물학적 과정이 증진되었다는 것이다.

보비는 코스타 가족의 뒷마당에 있는 헛간의 장작더미 속에서 태어나 엄청나게 많은 시간을 밖에서 보냈다.

한창때는 담벼락을 뛰어넘고 우편 배달부를 쫓아다니는 걸 좋아했지만 나이가 들어서는 마당에서 뭔가를 야금야금 먹고, 집 근처 과수원과 숲에서 한참을 산책하고(동네 견공 친구들과 마주칠 때마다 인사도 잊지 않았다), 밖에서 잠을 자고, 시간 날 때마다 가족들과 애정 가득한 교감을 나누었다. 보비의 이런 활동적인 생활은 역시나 20년 넘게 살았고 생애 대부분 동안 하루에 한 시간씩 수영을 했다는 골든레트리버, 29년 5개월을 산(1910년 출생) 오스트레일리언 캐틀 도그 블루이와도 비슷하다. 블루이는 빅토리아의 가족 농장에서 양과 소를 모는 일을 했다. 매기도 20년 동안 일주일 내내 하루 두 번씩 농장을 달렸다. 평생 달린 거리가 8만 7,000마일(약 14만 킬로미터)이 넘는다. 이 포에버 도그들의 주인들은 알지 못했지만 (최신 과학 연구에 따르면) 그런 단순하고 상식적인 생활 방식은 그들의 개에게 특별한 건강과 장수 변수를 제공했다. 영양소 풍부하고 최소 가공된 다양한 음식, 매일의 운동, 환경 화학물질과 독소 노출 최소화, 적은 스트레스, 활발한 상호작용이 그 변수들인데, 이런 습관들은 인간뿐 아니라 반려동물에게도 이롭다.

생명체의 정확한 나이를 측정하는 확실한 방법은 없지만 과학자들은 DNA 메틸화와 텔로미어 검사로 정보를 얻는다. 텔로미어는 염색체 끝부분을 덮어 보호하는 역할을 하는데, 시간이 지날수록 짧아져서 생물학적 나이의 근사치를 구하는 데

털의 성장을 돕는 지방산: 보비를 처음 만났을 때 가장 눈길을 끈 것은 녀석의 풍성하고 윤기 나는 털이었다. 보비는 평생 오메가-3가 풍부한 음식을 먹었다. 지방산은 모유두세포DPC와 관련 단백질의 숫자를 증가시켜 모발 성장을 촉진한다. 기름기 많은 생선에는 도코사헥사엔산, 즉 DHA가 많이 들어 있다. 보비가 즐겨 먹은 생선 두라다도 그렇다!

사용된다. 우리가 포르투갈에 도착하기 전에 완료된 텔로미어 검사에서 보비의 나이가 무려 28~32세라는 결과가 나왔다. 누구라도 그랬겠지만 우리는 더블 체크를 해보기로 했다. 포르투갈에 방문했을 때 면봉으로 보비의 DNA 샘플을 채취해 후성유전체 시계 검사를 위해 헝가리에 있는 에니코 쿠비니Eniko Kubinyi 박사의 연구실로 보냈다. 이 검사는 실제 나이(출생 연도) 대비 생물학적 나이를 알려주는 DNA 메틸화 패턴을 보여준다. 생물학적 나이가 실제 나이보다 많으면 노화 속도가 빠르고, 반대면 노화가 느리다는 뜻이다. 보비의 DNA 검사에서도 텔로미어 검사와 비슷한 결과가 나왔다. 보비의 생물학적 나이는 23~35세였다. 보비가 과연 현존하는 세계 최장수견이 맞는지를 두고 언론에서는 이러쿵저러쿵 말이 많지만 이웃 사람들은 그 나이 많은 개를 동네에서 본 지 수십 년째라고 말한다. 보비의 주인 레오넬이 뭔가를 제대로 한 게 분명했다.

우리는 장수한 포에버 펫들이 누린 깊은 사랑과 관심을 이 책에 담고 싶다. 전 세계의 다양한 문화와 음식을 탐색한 이 여정을 통해 여러분의 반려동물도 포에버 펫이 될 수 있다는 것을 알려주고 싶다. 제목은 "도그"가 들어가지만 개와 고양이 모두를 위한 책이다. 더 정확히 말하자면 이 책 『포에버 도그 라이프』는 가족과 반려동물 모두에게 건강과 행복의 오아시스를 제공하는 깨끗하고 영양가 높은 음식과 독소 없는 가정 환경을 만드는 방법을 다룬다.

이 책은 반려동물의 건강을 향상시킬 영양 밀도 높은 포에버 푸드를 소개하고 음식을 급여하는 다양한 방법, DIY 기술, 중요한 연구 결과, 영양 정보, 조리 도구, 생활 및 절약 팁을 제공한다. 다음으로는 반려동물이 매일 즐길 수 있는 간식부터 토퍼, 완전하고 균형 잡힌 식사를 아우르는 레시피로 넘어간다. 다수의 레시피에 포에버 푸드가 재료로 사용된다. 음식은 약이다. 이 책은 음식이라는 약을 제대로 쓰게 해줄 것이다. 주의할 점도 있다. 이 책은 일반적인 요리책이 아니다. 아니, 요리

건강에 좋은 자연: 산림욕 또는 숲이나 자연에서 보내는 시간이 건강에 이롭다는 사실은 이미 수많은 연구로 확인되었다.

- 혈압 감소
- 스트레스 감소
- 심혈관 및 대사 건강 개선
- 체중 감소
- 혈당 수치 감소
- 집중력과 기억력 향상
- 우울증 감소
- 높은 에너지 수치
- 면역력 강화

책이 아니다(물론 거의 모두 조리 가능한 레시피들이지만). 이 레시피들은 생명을 구하는 방법이다!

하지만 건강은 음식만으로 만들어지지 않는다. 충분한 운동과 사회적 개입, 행동 풍부화가 없으면 반려동물은 정신적, 육체적, 정서적으로 고통스러울 수 있다. 연구에 따르면 정신적 개입은 반려견의 염증을 물리치고 면역력에도 이롭다. 반려동물에게 행동 풍부화를 많이 제공할수록 뇌세포를 건강하게 유지하고, 새로운 뇌세포의 성장을 자극하는 "뇌유래신경영양인자

(BDNF)"가 많이 만들어진다. 이 책의 곳곳에서 반려동물에게 즐거움을 주고 온몸의 세포를 건강하게 만들어주는 아이디어와 과학 정보를 만날 것이다.

오늘날 우리의 집과 마당, 도시, 거주지에는 믿을 수 없는 수준으로 독소와 스트레스가 넘쳐난다. 사방에서 온갖 해로운 것들이 반려동물들에게 맹공격을 퍼붓는다. 영양 결핍, 비만, 해로운 실내 및 야외 환경 노출, 수의학 관행(중성화, 연간 백신 접종, 벼룩 및 진드기 퇴치제, 미생물 군집의 균형을 깨뜨리는 약물 복용) 등 셀 수도

L: 라이프스타일
반려동물에게는 사랑, 행동 풍부화, 운동, 효과적인 예방의학이 필요하다.

I: 이상적인 미생물 군집
장내 미생물 생태계의 건강은 면역력을 키우고 질병과 싸우며
체내의 건강한 대사 과정을 촉진하는 데 필수적이다.

F: 음식
최소 가공한 신선하고 다양한 자연식품으로 이루어진 식단은
반려동물의 장수에 필수적이다.

E: 환경과 스트레스
환경 오염 물질과 독성 가득한 시중 제품들이 사라진 "친환경" 집과
신체에 미치는 스트레스를 최소화하는 식품이 필요하다.

없다. 이 책은 모든 형태의 스트레스를 다루고 그 변수들이 초래하는 해로운 영향을 줄이는 방법을 알려준다. 반려동물들은 스스로 선택권이 없다. 녀석들이 더 좋은 환경에서 건강하게 살아갈 수 있게 하는 것은 우리의 의무다. 이 책이 그 방법을 알려줄 것이다.

음식과 환경에 관해서는 LIFE 전략을 따르면 탁월한 건강과 장수가 보장된다. 결국 반려동물들의 행복에 가장 큰 영향을 끼치는 것은 그들이 지내는 환경과 우리가 내리는 선택들이다.

1부는 반려동물의 몸에 필요한 것에 초점을 맞춘다. 영양 상태를 극대화하고 의학적 예방 효과가 있으며 세포, 조직, 뼈, 장기를 치유하고 무너진 균형을 바로잡아 줄 포에버 푸드에 대해 이야기한다. 포에버 푸드는 각자의 속도에 맞춰 먹이기 시작하면 된다. 간식과 토퍼, 육수, 스튜, 차부터 시작해도 되고, 곧바로 영양적으로 완

전한 식사 레시피(생식, 익히기, 오븐에 굽기, 슬로 쿠커 조리)에 도전해도 된다. 2부에서는 몸 밖에서 건강을 지켜주는 방법에 대해 살펴본다. 의도적으로 더 안전하고 건강한 환경을 만든다. 건강과 장수 또는 질병과 퇴화에 영향을 미치는 후성유전학적 위험과 DNA 손상을 관리하려면 반려동물의 생활 영역을 살피는 것이 필수적이다.

우리가 인터뷰한 장수 전문가들에 따르면 건강은 20%가 유전이고 80%가 환경이다. 다시 말하자면 반려동물의 장기적인 건강은 우리가 통제할 수 있는 범위에 있다. 이 책은 반려동물에게 영양을 공급하고 체내에 오염 물질이 들어가지 않도록 하는 일을 더 쉽게(아마도 더 저렴하게) 만들어 줄 것이다. 우리는 현재의 생활 방식을 더 건강하게 바꾸어 영양과 건강의 척도를 "상향 조정"하는 법을 알려줄 것이다. 신선한 간식과 음식을 한입 먹을 때마다 건강에 좋고 미생물 군집을 보호하는 생

리활성물질이 몸으로 들어간다. 호르몬 균형을 무너뜨리는 화학 세제를 무독성 DIY 세제로 대체하면 반려동물의 신진대사와 환경 스트레스가 줄어든다. 순간의 건강한 선택이 계속해서 쌓여서 건강한 삶이 된다. 하나든, 몇 가지든, 전부든 모두 좋다. 이 책에 담긴 이로운 변화를 일단 실천하기만 한다면 포에버 펫을 만드는 첫걸음을 디딘 것이다.

여러분이 애쓰는 만큼 반려동물은 활기차고 스트레스 적고 건강한 상태로 장수할 수 있다. 이 책의 도구를 활용하면 여러분도 포에버 펫을 만들 수 있다. 후회가 남지 않도록 계획적으로 헌신해서 반려동물에게 더 건강하고 행복한 삶을 선사할 수 있다. 자, 이제 포에버 펫이 있는 집과 주방으로 들어가 보자.

"블루존" 펫 만들기: "블루존"은 평균보다 훨씬 더 오랫동안 건강한 삶을 사는 사람들이 많은 세계의 장수 지역을 가리킨다. 연구자들이 그 지역들에 100세 이상 장수하는 사람이 유난히 많은 이유를 알아본 결과, 다음과 특징이 발견되었다. 규칙적인 신체 활동, 지중해 식단, 강한 사회적 유대감, 스트레스 적은 라이프스타일. 앞으로 반려동물에게 이 네 가지를 모두 충족시키는 방법을 알려주겠다.

필자들과 협력해 이 책을 완성한 사라와 그녀의 남편 피터는 집 근처 보호소에서 첫 반려견을 입양했을 때 털이 어련히 알아서 자라겠거니 했다. 그들이 온라인에서 사진으로 처음 본 2.5세 시추 푸들 믹스견 맥기는 곱슬곱슬한 회색 털뭉치 그 자체였다. 아래턱에 튀어나온 송곳니 하나만이 녀석이 지저분한 걸레가 아닌 강아지임을 말해주었다. 그런데 녀석을 입양하러 간 날 보호소 직원이 대기실에서 사라에게 이렇게 말하는 것이었다. "뭉친 부분이 있어서 털을 밀어야 했어요. 꼭 쥐 같죠. 죄송해요."

첫 달에 맥기의 털은 뻣뻣하고 거칠게 자랐다. 몸 뒤쪽에는 주변보다 얼룩덜룩하고 까맣고 건조한 부분이 있었다. 전주인은 건식 사료를 먹였지만 부부는 DHA가 맥기의 털에 좋을 거라는 생각에 정어리로 식단을 바꾸었다. 건조한 피부와 거친 모발에 탁월한 비타민 E가 풍부한 호박과 아보카도를 생선에 섞었다. 맥기의 털은 이내 부드럽고 윤기 있게 자라났다. 상태가 좋지 않았던 뒷부분도 색깔이 옅어지면서 주변의 부드럽고 건강한 털과 조화를 이뤘다.

우리는 이런 변화를 수없이 보았다. 그때마다 정말로 큰 만족감을 느낀다. 패스트푸드를 신선식으로 바꾸면 윤기 없고 건조한 털이 부드럽고 윤기 나는 털로 바뀌고, 입 냄새와 분변의 악취가 개선되고, 눈과 귀는 더 밝아진다. 이것이 좋은 영양의 힘이다. 음식은 병을 일으키기도 하고 낫게도 한다. 결국 건강은 포에버 키친에서 시작한다. 그 주방에는 신선하고 가공되지 않았고 영양 밀도 높은 자연식품, 허브와 향신료, 몇 가지 조리도구, 반려동물의 건강과 장수를 위한 노력이 있다. 한 입 먹을 때마다 건강해진다.

1부
포에버 키친

1장

포에버 펫
먹이기

포에버 펫에게 어떤 음식이 필요할까?

반려동물이 평생 건강하게 살기 위해서 무엇을 먹어야 하는지 수수께끼를 풀려면 먼저 과거를 돌아볼 필요가 있다.

개들은 수천 년 동안 인간과 함께 진화해왔다. 이 사실은 행동부터 장내 미생물 군집까지 개들의 모든 것에 영향을 끼쳤다. 시베리아 고고학 기록에 의하면 약 12,000년 전에 시작된 홀로세 동안 개들의 먹이 탐색 활동과 식단에 중대한 변화가 있었다. 그 변화로 인해 개들의 식단에는 그들의 조상인 늑대에 비해 훨씬 더 큰 다양성이 나타나게 되었다. 홀로세에 개들은 사체를 찾아다니거나 작은 먹잇감을 사냥하고 해양 및 담수 생물을 먹었을 뿐만 아니라 인간이 남긴 음식도 섭취하기 시작한 것이다. 그러한 섭식 패턴과 선택은 오늘날 개들의 영양소 요구량을 만들었고, 고기와 생선, 과일과 채소, 인간이 조리한 신선식이 그들의 오래된 원초적 욕구였음을 증명한다. 이 음식들에 반려동물의 장수를 이끌 열쇠가 들어 있다.

영양의 기본

반려동물에게 필요하지 않은 것은 정제 탄수화물이다. 탄수화물은 빠른 글루코스 공급원이지만(글루코스는 에너지로 전환된다) 연구에 따르면 개와 고양이는 탄수화물을 선호하지 않는다. 실제로 선택권이 주어지면 탄수화물을 맨 마지막에 고른다.

그런데 대부분의 건식 사료는 50% 이상이 탄수화물이다. 탄수화물은 녹말로 변했다가 다시 당으로 변하므로 좋지 않다. 당은 염증을 일으키는 유해균의 먹이가 되고 염증은 무수히 많은 부정적인 생물학적 과정을 일으킨다. 예를 들어, 탄수화물 함량이 높은 건식 사료를 먹는 강아지들은 나중에 아토피(개 알레르기)에 걸릴 위험이 상당히 크다. 다행히 식단에 신선식을 20%만 추가해도 위험이 크게 줄어든다.

개와 고양이의 식단에 건강을 위해 탄수화물을 추가할 필요는 없지만, 미생물 군집의 건강을 지켜주는 섬유질은 꼭 필요하다. 단백질과 건강한 지방 섭취만으로는 목적을 이룰 수 없다. 반려동물의 위장 생태계는 고섬유질("좋은 탄수화물"을 이루는 프리바이오틱스 섬유) 식품이 필요하다. 고도로 가공된 정제 탄수화물 섭취로 혈당 지수를 올려선(혈당 스파이크) 안 된다. "좋은 탄수화물/나쁜 탄수화물"에 대한 영양학자들의 견해는 한마디로 이렇게 요약할 수 있다. 브로콜리를 먹는 것과 흰 식빵을 먹는 것에는 대사적으로 큰 차이가 있다. 개와 고양이 모두 장내 미생물 군집 건강을 위해 최소한으로 가공된 신선한 농산물에서 적당한 양의 건강한 섬유질을 섭취해야 한다는 사실은 연구로 계속 증명되고 있다. 과일과 채소에는 천연 항산화제와 피토뉴트리언트, 폴리페놀, 생리활성물질이 가장 풍부하다.

정제 탄수화물을 제거하고 고기, 생선, 신선한 자연식품을 추가해야 한다. 하지만 그런 식단 계획을 어떻게 실행에 옮겨야 할까? 핵심은 간단하다. 하나씩 바꾸기 시작하면 된다. 그동안 먹인 저품질 "사료 등급" 간식과 건강에 해로운 남은 음식을 집에서 만든 영양 풍부한 음식으로 바꾼다. 피자 쪼가리 대신 브로콜리와 버섯 줄기를 준다. 봉지에 든 간식이 아니라 정어리를 준다. 조금만 바꿔도 시간이 지날수록 영양적으로 큰 이득이 된다.

일반적으로 수의사들은 "10% 법칙"을 제안한다. "간식"이 하루 필요 칼로리의 10%를 넘으면 안 된다는 뜻이다. 장수에 이로운 신선식품 형태의 간식과 토퍼, 혼합물(현재 반려동물이 먹는 음식에 섞어주는 영양가 높은 음식)도 간식에 포함된다. 건강한 간식과 식사에 얹어주는 토퍼는 상상력을 발휘하면 무궁무진한 아이디어가 나올 수 있다. 여러분만의 #포에버한그릇음식이 과연 어떤 모습일지 궁금하다!

일단 간식과 식사 토퍼의 질과 영양 가치를 높인 후에는("간식"을 전부 건강한 음식으로 바꿨다는 뜻) 영양학적으로 균형 잡힌 홈메이드 식사에 도전할 수 있다. 처음 시작할 때 참고하기 좋은 레시피는 4장 152쪽에 있다. 간식은 식사와 다르다. 이 책의 완전하고 균형 잡힌 레시피들은 영양소와 비타민, 미네랄의 1일 권장량을 초과하도록 고안되었다. 간식도 항산화 물질, 폴리페놀, 피토뉴트리언트를 제공하지만 완전하고 균형 잡힌 식단을 대체할 수는 없다. 레시피에 따라 준비한 음식을 리킹 매트(licking mat, 고무나 실리콘 재질의 매트로 음식을 발라둬서 반려동물이 핥아 먹게 하는 기능성 식기 — 옮긴이)나 교감형 장난감을 이용해서 급여해도 된다. 현재 식단에 토퍼를 추가하거나, 식단을 일부 또는 완전히 바꿀 수도 있다. 신선한 가정식의 비율을 늘리려면 기존에 먹던 음식은 줄여서 하루 칼로리를 정확하게 맞춰야 한다는 사실만 기억하자. 항상 강조하지만, 주인이나 반려동물 모두 스트레스를 받지 않는 한도 내에서 신선식품을 많이 먹이고 편한 속도로 변화를 만들어나가야 한다.

식품 변조 수준
낮음

| 홈메이드 가정식 | 생식(병원체 통제) | 서서히 익힌 식품 | 동결 건조 식품 | 건조 및 탈수 식품 |

시판 펫푸드

그렇다면 개나 고양이에게 시판 제품을 먹이면 안 되는 걸까? 물론 된다! 매끼를 직접 만들어 먹이지 않아도 된다. 반려동물을 위한 건강한 식단을 선택할 때는 탄수화물은 최소화하고, 상당량의 칼로리를 단백질과 지방으로 섭취하도록 한다(1일 전체 칼로리의 10%를 건강한 간식과 토퍼로 채운다). 시판 사료를 먹일 때는 브랜드와 단백질 유형을 자주 바꾸고 최소 가공된(열 가공으로 인한 파괴가 적은) 제품을 고른다. 시판 제품은 많이 가공되었을수록 고열 가공으로 인한 해로운 화학 부산물이 많이 들어 있다. 건조 및 탈수 식품, 동결 건조 식품, 서서히 조리된 식품, 또는 생식(대개 오프라인 매장이나 온라인의 냉동 제품 코너에서 발견할 수 있다)을 이용한다.

가장 질 좋은 시판 제품을 평가할 때는 나쁜 탄수화물이 적을수록 좋다는 사실을 기억하자. 다음의 간단한 공식으로 사료에 든 탄수화물 양을 계산할 수 있다.

1. 건식 사료 봉지의 성분 분석표(Guaranteed Analysis)를 찾는다.
2. 계산한다.

단백질 + 지방 + 섬유질 + 수분 + 조회분(적혀 있지 않을 경우 약 6%로 계산) = X

100−X = 탄수화물의 백분율

탄수화물 함량이 20% 미만(이상적으로는 10%)인 제품을 산다.

식품 변조 수준
높음

| 통조림 식품 | 공기 건조 식품 | 오븐 베이크드 식품 | 건조 사료(압출 식품) | 반습식 식품 |

가공 용어는 헷갈릴 수도 있다. 국제식품정보위원회(International Food Information Council, IFIC)를 비롯한 기관들은 가공 정도를 나타내는 분류 기준을 만들었다(예: NOVA 시스템). 각 용어의 정의는 주관적일 수도 있지만 이 책에서 사용되는 의미는 다음과 같다.

- **최소 가공**: 보온(열) 또는 압력(고압 멸균) 가공 단계가 없거나 1회만 가공된 신선 또는 냉동 식품.
- **가공**: 최소 가공에 보온(열) 가공이 추가된 식품. 서서히 익힌 식품, 가공한 재료(생식 재료 아님)로 만든 냉동 건조 또는 건조 및 탈수 식품이 포함된다.
- **초가공**: 재료를 추가해 갈거나 재조합한 식품. 여러 차례의 가열 또는 압력 가공 단계를 거쳐 제조하거나 건조하거나 캔에 넣어서 만든 최종 제품이다.

다음과 같이 최소 가공 식품과 초가공 식품을 쉽게 구분할 수 있다.

최소 가공	가공	초가공
옥수수	옥수수 통조림	옥수수칩
당근	당근 주스	
균형 잡힌 가정식	시판 조리 제품	건식 사료

포에버 키친 만들기:
주방용품, 도구, 식기 등

몇 가지 필수 도구가 갖춰지면 음식 준비와 급여가 한결 쉬워진다. 다음의 도구들을 준비하고 팁을 참고해서 나만의 포에버 키친을 만들어보자.

주방 저울

쓸만한 주방 저울은 공간을 많이 차지하지도 않고 서랍에 넣어둘 수 있으며 약 20달러 정도로 그리 비싸지도 않다. 이 책의 완전하고 균형 잡힌 레시피들은 그램과 온스로 계량한다. 반려동물 요리책에서 표준으로 사용되는 계량 단위다. 따라서 그램이나 온스 단위로 계량이 가능한 저울이어야 한다. 무게를 0으로 설정하는 기능도 필요하다. 그래야 용기를 제외한 재료의 무게만 측정할 수 있다. 또한 주방 저울은 물기 있거나 마른 음식을 담은 용기나 그릇을 올려놓을 공간이 충분해야 한다. 몇 끼분을 한꺼번에 만들거나, 반려견이 식욕 왕성한 대형견일 수도 있으니 음식의 양을 고려해서 선택한다.

도마

도마의 종류는 개의 품종만큼이나 다양하지만 석재, 경목재(단풍나무가 가장 일반적이고 세균에 가장 강하다!), 유리, 폼알데하이드가 들어가지 않은 대나무 소재가 가장 좋다. 플라스틱이나 멜라민 도마는 세포 변화와 신장 손상을 일으키는 미세플라스틱(폴리에틸렌 입자 1,400만~7,100만 개, 폴리프로필렌 입자 7,900만 개!)과 화학물질(폼알데하이드 포함)이 들어 있으니 피하자. 항균 도마도 피해야 한다. 건강에 좋은 것처럼 들리지만 흡입시 간과 갑상샘에 독이 된다고 밝혀진 화합물 트라이클로산이 들어 있다.

그럼, 반려견 음식 준비에 사용할 도마를 따로 사야 할까? 꼭 그럴 필요는 없다. 세균 오염의 위험이 있으므로 생고기를 자를 때는 전용 도마를 사용해야 한다는 것만 기억하자.

식기(밥그릇, 물그릇)

반려견의 밥그릇은 집 안에서 더러운 곳 중 하나다. 식기 바닥에 생기는 투명한 막을 생물 막이라고 하는데, 각종 세균이 몰려 있어서 미끄럽고 끈적끈적하다. 이곳을 통해 반려견이 여러분에게 세균을 옮길 수 있다. 어떤 식기를 선택하든 사용 후에는 반드시 닦아야 한다. 어떤 소재가 가장 좋을까?

- **플라스틱:** 안 된다! 플라스틱 식기는 병원균이 가장 많이 발생한다. 또 내분비계와 멜라닌을 교란하는 화학물질을 방출해 반려동물의 코와 주둥이 부분을 붉게 만들고 피부염의 원인이 된다. 플라스틱에 대한 자세한 내용은 18쪽 "보관 용기"를 참고한다.

- **도자기:** 주의가 필요하다! 도자기 그릇에는 살모넬라, 대장균, MRSA(항생제 내성균)를 포함해 가장 해로운 세균들이 잔뜩 들어 있다. 음식물을 담아도 되고 납 성분이 들어 있지 않은 등급으로 선택하고 매일 소독한다. 표면에 미세한 선과 균열이 보이면 교체한다.

- **스테인리스:** 괜찮다. 하지만 저렴한 브랜드들은 심각한 금속 오염 때문에 리콜된 적이 있으니 믿을 수 있는 브랜드의 품질 좋은 제품으로 산다.

- **식품 등급 유리:** 괜찮다. 파이렉스처럼 내구성 뛰어나고 주방 친화적인 유리 식기는 반려동물의 밥그릇과 물그릇으로 훌륭하며 깨질 위험도 없다.

- **실리콘 및 고무 소재의 리킹 매트와 사료 보관함:** 괜찮지만 자주 닦고 교체해야 한다. 단기적으로 사용하기에는 안전하지만 음식 냄새와 얼룩이 남을 수 있다.

식기 세척과 소독: 매번 식사 후에 닦는다. 적어도 일주일에 한 번씩 식기세척기에 넣고 뜨거운 물로 돌리거나, 과산화수소 혹은 백식초(둘을 섞지 않는다)를 뿌리고 5분 후에 깨끗한 스펀지로 닦는다.

정수 필터

미국에서는 2010~2017년까지 수돗물에서 발견된 화학물질(비소, 우라늄, 라듐 포함)로 인해 약 10만 명의 암 환자가 발생했다. 수돗물에 든 화학물질이 여러분과 반려동물의 건강을 해치지 않게 하려면 우선 수돗물 검사가 필요하다. 수도 회사에 전화해서 지역의 수질 보고서와 무료 테스트 키트를 요청해도 되지만, 그 키트는 납을 포함해 기본적인 오염물질만 잡아낸다. 환경워킹그룹(EWG)의 사이트에서 (거주 지역의 수돗물에 대해 이루어진 모든 검사를 포함해) 광범위한 수돗물 데이터베이스를 이용할 수 있으니 방문해보기 바란다(www.ewg.org/tapwater/). 수돗물에 든 화학물질을 확인한 후에는 다음과 같이 적절한 필터를 구입한다.

- **카본 블록 필터**carbon block filter: 자주 교체해야 하고 비용도 많이 들지만 해로운 화학물질 제거에 가장 효과적이다. 비소와 과염소산염을 제거하지는 못한다.
- **입상 카본 필터**granulated carbon filter: 일반적으로 카본 블록 필터보다 효과는 덜하지만 더 저렴하다.
- **역삼투압 필터**reverse osmosis filter: 비소, 불소, 육가 크로뮴, 질산염, 과염소산 제거에 탁월하지만 내분비 교란 물질이나 휘발성 유기 화합물은 제거하지 못하고 철, 칼슘, 마그네슘 같은 유용한 영양소까지 제거한다.

반려동물의 암 위험 줄이기: 암은 노견의 사망 원인 1위이며, 개 4마리 중 3마리가 암에 걸린다는 통계가 있다. 우리가 인터뷰한 암 연구 과학자들은 반려동물 암 원인의 약 10~20%가 유전이고 80~90%는 환경 노출이라는 데 의견을 함께했다. 특히 환경 요인은 주인의 선택에 따라 위험이 커지거나 줄어들 수 있다. 우리가 매일 내리는 생활 방식과 관련된 선택은 시간이 지남에 따라 이익으로 쌓이거나 대가를 치러야 한다. 암 위험 요소를 하나씩 다룸으로써 반려동물이 접하는 공기와 물, 음식, 생활환경 전체에서 오염 물질을 제거한다면 결과적으로 가족의 생활환경으로 인한 암 위험이 크게 줄어들 것이다.

보관 용기

토퍼, 간식, 완전한 식사, 파우더류, 보충제 등을 보관할 때는 유리 용기가 가장 좋다. 다른 소재에 비해 병원균이 적고, 위험 성분이 들어 있지 않으며, 내용물로 독소가 스며들지 않는다. 음식을 데울 때는 가스레인지를 이용하는 전통적인 방법이 좋지만, 만약 전자레인지를 써야 한다면 유리 용기가 필수다. 다음과 같은 이유로 플라스틱 용기는 피해야 한다.

- 플라스틱은 반려동물의 음식에 비스페놀 A(BPA) 같은 화학물질을 방출한다. 이것은 호르몬을 모방하며 암을 일으키는 세포 변화를 유도할 수 있다. BPA 프리 제품이라도 화학물질이 들어 있지 않은 것은 아니다. 대개의 플라스틱은 비스페놀 S(BPS)로 만들어진다. 이 물질은 세포 기능을 교란하고 신경계에 영향을 주며 생식 기관에 BPA보다도 더 큰 손상을 입힌다.
- 많은 플라스틱에는 과불화화합물(PFAS)이 들어 있다. 불소로 이루어진 이 화합물은 특정 암, 저체중 출생, 면역 장애, 갑상샘 질환을 일으키는 것으로 알려졌다. 체내나 환경에서 분해되지 않아서 "영원한 화학물질"이라고 불리기도 한다.
- 플라스틱에 함유된 프탈레이트는 반려동물의 내분비계를 교란할 뿐만 아니라 연구 결과 북극곰, 사슴, 고래, 수달 같은 야생동물에게 고환 장애, 생식기 변형, 정자 수 감소, 불임을 일으키는 것으로 나타났다.
- 플라스틱은 다공성이라서 기름을 안에 가둔다. 실용적이지 못한 방법이지만 매일 세척하지 않으면 산패된 기름에 의해 안에 든 음식물이 상할 수 있다.

고무와 실리콘 용기는 플라스틱보다 안전하지만 시간이 지날수록 냄새가 배서 세척이 힘들 수 있다. 역시 유리 용기가 가장 좋다.

그 밖의 유용한 주방용품

- **주방 가위:** 허브와 고기를 자를 때 사용한다.
- **미니 거품기:** 작은 거품기는 양이 적은 레시피에 유용하다.
- **실리콘 베이킹 매트, 종이 포일, 베이킹 시트:** 재료가 달라붙지 않아서 편하다.
- **피자 커터:** 간식과 육포를 소분할 때 편리하다.
- **고운 강판:** 생강, 강황 또는 소량의 채소를 간편하게 추가할 수 있다.
- **푸드 프로세서 또는 블렌더:** 채소와 허브를 다지거나 갈 때 편리하다.
- **슬로 쿠커(크록팟):** 완전하고 균형 잡힌 식사를 서서히 익히거나, 육수를 우리거나, 집 안에 맛있는 냄새가 풍기게 할 때 좋다.
- **얼음 틀:** 훈련용 간식과 토퍼를 만들거나 보관할 때 유용하다.
- **미니 절구 세트:** 이 책의 완전하고 균형 잡힌 레시피에 사용되는 비타민과 미네랄 보충제를 갈 때 편리하다. 전기 커피 그라인더나 작은 블렌더를 사용해도 된다.
- **식품 건조기:** 유통기한이 임박한 냉장고 속 재료들을 상온 보관 간식으로 변신시켜준다. 오븐과 달리 아무 걱정 없이 하루 종일 사용할 수 있고 전기도 덜 든다. 40달러 정도의 부담 없는 가격으로 살 수 있다.

포에버 키친 채우기:
농산물

다음은 포에버 키친의 농산물 재료를 구매할 때 생각해야 할 것들이다.

유기농을 선택하라

유기농은 화학비료, 농약, 기타 독소를 사용하지 않고 재배하거나 키운 제품을 말한다. 유기농 제품에는 건강에 해로운 많은 물질이 들어 있지 않을 뿐 아니라, 일부 유기농 농산물은 폴리페놀(조직 및 장기에 대한 산화 스트레스를 줄여 노화 방지 효과가 있는 분자 화합물)과 생리활성물질(암을 퇴치하고 심장 건강을 개선하며 뇌 기능을 높이고 당뇨를 예방) 함량이 높은 것을 포함해 영양가도 더 풍부하다.

폴리페놀 수치 **일반 과일 & 채소** | VS. | 폴리페놀 수치 **유기농 과일 & 채소**

유기농 농산물 세척

유기농 농산물이라도 세균 오염 가능성이 있으므로 세척이 필요하지만 박박 씻거나 껍질을 벗길 필요는 없다. 유기농법은 일반적인 농업과 달리 토양에 건강하고 다양한 미생물 환경을 만들어주므로 약간의 토양 잔류물은 오히려 이로울 수 있다. 세척 후 곰팡이가 생기지 않도록 물기를 완전히 제거하는 것만 잊지 말자(야채 탈수기를 사용하거나 키친 타올에 펼쳐 놓는다.)

농산물을 어떻게 씻어야 할까? 필자들이 가장 선호하는 두 가지 세척법을 소개한다.

소금물에 담그기

FDA는 잎채소를 희석된 표백제 용액으로 세척할 것을 권장하지만 우리는 소금물에 담그는 것을 선호한다. 양배추를 (식초나 맹물이 아닌) 10% 소금물로 씻으면 클로르피리포스, DDT, 사이퍼메트린, 클로로탈로닐을 포함한 일반적인 살충제 성분 제거에 더 효과적이다.

· 히말라야 소금 또는 천일염 1/2컵

· 정수된 물 5컵

1. 깨끗한 볼에 물과 소금을 넣고 소금을 녹인다.

2. 과일과 채소를 20분 동안 담가놓는다.

3. 깨끗하게 헹구고 물기를 완전히 제거한다.

왁스 제거하기

식초 담금법은 사과나 오이, 피망, 가지 같은 농산물이 윤기 있어 보이도록 사용되는 왁스 코팅을 제거하는 가장 효과적인 방법이다.

· 정수된 물 1/2컵

· 식초 1/2컵(백식초 또는 애플 사이다 비니거)

· 레몬즙 1큰술

· 소금 2큰술

1. 깨끗한 볼에 모든 재료를 섞는다.

2. 농산물을 담근다.

연약한 채소와 베리류는 2~3분 정도만 담그고

브로콜리나 콜리플라워, 껍질이 두꺼운 농산물은 20~30분 동안 담가 둔다.

3. 깨끗이 헹구고 물기를 완전히 제거한다.

음식에 관한 고정관념, 오해와 우려

반려동물에게 먹여도 안전한 음식에 관한 잘못된 정보가 엄청나게 많다! 그나마 다행스러운 것은 반려동물들이 우리의 생각보다 안전하다는 사실이다. 항상 주의를 기울이고 다음 팁을 참고하면 된다.

질식 위험이 있는 음식은?

거의 모든 음식은 제공 방법에 따라 어린아이와 반려동물에게 질식 위험이 있을 수 있다. 반려견이 기도보다 작은 음식물을 실수로 흡입해도 질식 위험이 있다. 상식을 따르되 너무 크다고 생각되는 음식은 작게 자르거나 사용하지 말자. 다음의 팁도 참고하자.

- 과일과 채소의 먹을 수 있는 부분만 먹인다.
- 아이들에게(사람이든 반려동물이든) 단단한 줄기나 잎, 씨, 속, 껍질을 주지 않는다.
- 간식이나 틀의 크기는 반려견 발 직경의 2배여야 한다.
- 평소 뭐든 통째로 삼키려는 버릇이 있다면 항상 주시해야 한다.
- 모든 음식을 한입 크기로 자른다.

반려동물에게 독이 되는 음식은?

유럽반려동물식품산업연맹(FEDIAF)은 다음 음식들이 병을 일으키고 심지어 죽음에 이르게 할 수도 있으므로 피하라고 권고한다.

- **초콜릿**: 이뇨, 심장 자극, 혈관 확장, 평활근 이완 효과가 있는 화학물질인 테오브로민이 들어 있다. 초콜릿에 들어 있는 카페인과 마찬가지로 개들은 테오브로민을 제대로 대사하지 못한다.
- **포도(건포도와 커런트currant 포함)**: 타르타르산이라는 물질이 구토, 갈증, 설사, 신장 손상을 일으킬 수 있다.
- **마카다미아**: 과학자들은 마카다미아의 어떤 독소가 개들에게 해로운지, 과연 해로운 독소가 있는지 정확하게 알지 못하지만, 지방 함량이 높아서 메스꺼움을 유발할 수 있다.
- **양파**: 양파에 들어 있는 티오황산염이 적혈구의 생성 속도보다 손상 속도가 빠른 하인즈체 빈혈을 일으킬 수 있다. 신체가 허약해지고 무기력해진다.

다음 음식들은 반려동물에게 독성 작용을 일으키지 않는다.

- **아보카도:** 아보카도가 반려동물에게 독이 된다는 잘못된 고정관념이 생긴 이유는 영양실조에 걸린 남아프리카 공화국의 개 두 마리가 아보카도 과육이 아니라 줄기와 잎을 먹은 연구 때문이다(반려동물들이 먹지 말아야 할 식물의 잎과 줄기는 아보카도뿐만 아니라 토마토와 호두나무 등 많다. 아보카도의 씨와 껍질도 질식 위험이 있으므로 먹이지 않는다).

- **복숭아, 체리, 살구, 기타 작은 과일:** 이 과일들은 지극히 안전하다. 씨와 줄기를 제거하기만 하면 문제 없다.

- **로즈메리:** 로즈메리는 발작을 일으키지 않는다. 하지만 뇌전증을 앓는 반려동물은 로즈메리 에센셜 오일이나 추출물의 과도한 섭취를 피해야 한다(장뇌camphor 농축물이 뇌전증이 있는 포유류의 발작 위험을 증가시킬 수 있다).

- **호두, 아몬드, 피칸, 기타 견과류(마카다미아 제외):** 독소가 확인되지 않았다. 하지만 질식 위험이 있으므로 작게 잘라서 준다. 일부 견과류의 겉껍질에는 유글론이라는 화합물이 있어서 여러 증상을 일으키므로 반드시 껍질을 제거해야 한다.

- **돼지고기:** 돼지고기는 지방 함량이 높아서 반려견에게 주면 안 된다는 말이 있지만, 사실 돼지고기의 지방은 소고기의 3분의 1 수준이다. 돼지고기는 단백질과 아미노산의 훌륭한 공급원이며 닭고기나 소고기에 알레르기가 있는 반려동물에게 완벽한 단백질 공급원이 될 수 있다. 생식으로 제공하는 경우 미국질병통제예방센터(CDC)는 영하 15℃에서 20일 동안 냉동시켜 선모충을 제거할 것을 권장한다. 63℃(145℉) 이상에서 조리하면 기생충이 비활성화된다.

- **연어:** 개들이 태평양 연안 북서부에서 잡힌 연어를 날로 섭취하면 (드물지만) "연어 중독"이라는 기생충 질환이 발생할 수 있다. 치명적인 위험은 아니지만 냉동(−20℃에서 24시간)하거나 익히면 위험을 피할 수 있다.

- **마늘:** 양파과에 속하다 보니 안전하지 않다고 생각하는 사람들이 많다. 하지만 마늘의 티오황산염 함유량은 양파보다 15배나 낮고 전국적인 보고서에서도 반려견에게 안전하다고 발표되었다. 마늘에는 개의 심혈관계에 이로운 약용 화합물인 알리신이 들어 있다. 시판 건식 사료에 마늘이 많이 함유된 건 이 때문이다.

- **버섯:** 사람 건강에 좋다고 알려진 버섯들은 전부 반려동물에게도 좋다. 버섯에 든 약용 화합물 때문에 필자들은 버섯을 즐겨 먹는다. 버섯은 조리하면 소화가 쉽고 효능도 커진다(예를 들어, 포토벨로 버섯에 든 곰팡이 독소 또는 독성 곰팡이인 아가리틴이 비활성화된다).

반려동물에게 신선식품을 먹이면 절대 안 된다던데 사실일까?

그렇지 않다. 이유를 알려주겠다.

수의대와 병원들은 초가공 사료를 만드는 대규모 제조업체들과 제휴 관계를 맺는 경우가 많다. 그 기업들이 현재 신선식품을 판매하지 않기 때문에 수의대에서는 건식과 통조림 외의 식품에 대해서는 배우지 않는다. 다수의 수의대 졸업생들은 반려동물이 평생 초가공 사료만 먹어야 하고 다른 음식을 먹으면 위험하다는 생각을 주입받는다.

문제는 최신 연구 결과도, 상식조차도 그 견해를 뒷받침하지 않는다는 것이다. 어떤 동물이든 최적의 건강을 위해서는 신선한 음식을 다양하게 섭취해야만 한다.

그러나 대부분의 반려동물은 신선식품을 전혀 제공받지 못한다.

앞서 소개한 장수견들을 보자. 녀석들은 초가공 사료를 전혀 먹지 않았고, 포에버 도그 상태를 위협하는 일은 하나도 하지 않았다.

신선한 음식과 간식이 더 좋다는 사실과 관련된 지저분한 비밀이 또 있다. 미국에서 모든 식품은 검사를 받는다. 검사를 통과하면 사람이 섭취해도 된다고 승인된 것이다. 검사를 통과하지 못한 식품은 "사료 등급"이 매겨져 반려동물을 포함한 동물용 사료가 된다. "사료 등급" 재료에는 온갖 오염 물질이 더 많이 들어 있다.

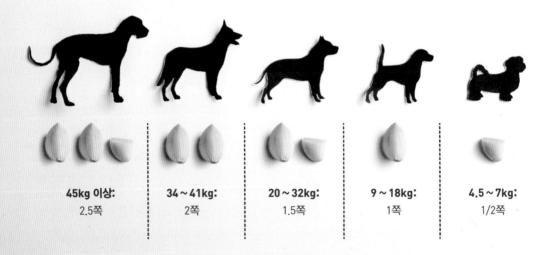

마늘 규칙: 반려동물 식단에 마늘을 추가하고 싶다면 다음의 하루 권장량을 참고하자.

| **45kg 이상:** 2.5쪽 | **34~41kg:** 2쪽 | **20~32kg:** 1.5쪽 | **9~18kg:** 1쪽 | **4.5~7kg:** 1/2쪽 |

미국국립연구위원회 National Research Council는 고양이의 안전한 마늘 섭취량을 체중 1kg당 17mg으로 정했다.

반려동물 식단을 바꿔도 될까?

물론이다. 우리의 반려동물을 포에버 펫으로 만들려면 반드시 영양가 풍부한 다양한 신선식품을 식단에 넣어야 한다.

오랫동안 똑같은 브랜드와 똑같은 맛의 사료를 먹고 있다면 영양소 다양성이 조금만 커져도 미생물 군집(그리고 면역력)에 도움이 될 것이다. 목표는 대사 스트레스와 염증을 줄이고, 독소를 제거하고 장수 경로를 활성화하며, 무너진 미생물 군집의 균형을 바로잡는 것이다. 건강하고 다양한 식사와 간식이 그 목표를 이루게 한다.

하지만 새로운 음식을 시도하는 속도와 횟수는 몇 가지 요인을 따른다. 여기에는 새로운 음식에 대한 반려동물의 적응력과 주방 저장 공간 등이 포함된다. 가장 좋은 변화 방법은 새로운 음식을 한 번에 한 입씩 천천히 제공하고, 반려동물의 분변 상태를 참고하면서 새로운 음식을 더 시도하는 것이다. 만약 변이 묽어졌다면 새로운 음식 및 간식의 양을 늘리지 말고 다른 새로운 음식도 시도하지 말아야 한다. 위장이 변화에 적응할 시간을 주어야 한다. 변이 정상으로 돌아오면 좀 더 다양한 음식을 시도해나간다. 160쪽에서 식단을 바꾸는 방법을 더 자세히 알아보자.

내가 먹는 음식을 줘도 될까?

역사적으로 수많은 개들이 인간이 남긴 건강한 음식을 먹고 살았으니, 당신의 음식도 반려견에게 분명 효과적일 것이다.

그러나 데친 브로콜리와 감자튀김은 엄연히 다르다. 건강에 좋지 않은 남은 음식은 몸에 나쁘지만, 건강에 좋은 남은 음식은 미생물 군집 다양성을 높이고 전반적으로 건강을 증진한다. 강아지에게 건강한 남은 음식을 먹이고, 전체 식단의 최소 20%를 생고기로 구성하면 아토피(알레르기) 발생 확률이 줄어든다. 가공하지 않은 (생식) 육류 위주의 식단을 섭취하는 강아지는 건식 사료를 먹은 강아지보다 염증성 장질환(IBD) 위험이 현저히 낮아지는 것으로 밝혀졌다.

건강에 좋은 고기와 과일, 채소를 소스나 설탕, 또는 매운 양념을 추가하지 않고 반려동물에게 나눠주자. 튀기거나 탔거나 상한 음식은 주지 않는다. "좋은 탄수화물"(혈당 지수가 낮고 섬유질이 풍부한 채소)을 같이 먹이고, 정제 탄수화물(빵, 파스타 등)은 주지 않는다. 반려견이 음식을 애원하는 것을 막기 위해 식탁에서 나눠주지 않는 것을 추천한다. 사람이 먹는 건강한 음식은 훈련용 간식으로 주거나 식사에 추가해준다.

행동 풍부화가 필요해:

교감형 장난감("맛있는 액티비티")은 신체와 정신을 자극하고 참여를 유도하도록 만들어진다. 퍼즐 장난감, 리킹 매트, 음식이 들어 있는 씹는 장난감, DIY 음식 놀이 및 간식은 바람직한 주의 전환(필요하다면)과 오락, 지루함 해소, 감각 자극, 행동 풍부화를 제공한다. 활동과 장난감, 간식을 반려견의 성격과 니즈, 식단 목표에 따라 맞춤화하고 다음과 같은 방법으로 가족이 남긴 건강한 음식을 개선해서 반려견에게 재활용할 수 있다.

- 남은 음식을 얼음 틀에 얼려서 토퍼로 활용한다.

- 교감형/간식이 든 장난감, 간식 급여기에 넣어서 급여하거나 냉동한다.

- 리킹 매트에 발라서 얼려두면 나중에 주의를 돌리는 용도로 활용할 수 있다.

- 남은 음식을 육수나 액체에 섞어서 얼리면 반려견용 아이스크림이 된다. 다른 간식도 냉동한다.

DHA+EPA가 들어 있지 않은
식물성 오일과 씨앗

올리브
카놀라
코코넛
아마씨
프림로즈
카멜리나
블랙커민씨드
치아씨드
헴프씨드

DHA+EPA가
들어 있는 오일

생선
크릴
조류
오징어

지방은 반려동물에게 좋을까, 나쁠까?

반려동물 보호자들은 다양한 이유로 지방을 두려워한다. 물론 그중에는 정당한 두려움도 있다. 재가열되고 산화되고 산패된 지방(보통 건식 사료에 "향미제"로 뿌려지는 재활용 기름)은 사료에 첨가되는 끔찍한 물질이고 체내에 최종지방산화물(advanced lipoxidation end product, ALE)이 넘쳐나게 한다. ALE는 시판 사료가 세포를 파괴하게 만드는 주범으로 췌장염, 메스꺼움, 위장관 문제, 조기 노화를 일으킨다.

그러나 첨가제로 질을 떨어뜨리지 않은 비정제 지방은 우리 몸의 건강한 연료이고 자연의 의도 그대로 지속적인 에너지를 제공한다. DHA와 EPA를 포함한 이 건강한 지방은 세포막과 인지 기능 건강을 위한 기본 요소가 된다.

개와 고양이의 식단에 여러 필수 지방산이 포함되지 않으면 결핍이 일어나기 쉽다는 사실을 기억하자. 예를 들어, 고양이는 오메가-6 지방산 아라키돈산(arachidonic acid, AA)을 먹어야 한다. 반려동물들은 식물성 알파 리놀렌산(alpha-linolenic acid, ALA)을 필요한 만큼 DHA나 EPA로 바꾸지 못하므로 정어리 같은 음식을 섭취해서 얻어야 한다. 마지막으로, 반려동물들은 오메가-6 지방산 리놀레산(linoleic acid, LA)을 섭취해야 한다. 이 책의 완전하고 균형 잡힌 레시피들에 식물성 오일이 들어가는 이유도 그 때문이다.

건강에는 좋지만 반려동물이 필요로 하는 EPA나 DHA를 충족하지 못하는 지방산들도 있다(그래도 여전히 훌륭한 지방산이다). 레시피에서 그런 지방들도 만나볼 수 있다.

- **코코넛 오일**: 상온에서 고체 상태인 코코넛 오일에는 효모균을 물리치고 HDL(좋은) 콜레스테롤 수치를 높여주는 중쇄지방산 라우르산이 가장 많이 들어 있다.
- **블랙커민씨드 오일**: 블랙큐민씨드 오일이라고도 하며(향신료 커민과는 무관하다) 티모퀴논이

라는 피토케미컬 덕분에 건강에 무척 좋다. 신경퇴행성 질환을 완화하고 인지 기능 저하와 뇌장애를 줄이고 통증과 염증을 감소시키며 바이러스 및 암과 싸우는 강력한 항산화 특성을 가진 물질이다.

- **올리브 오일:** 심장 건강에 좋은 단일불포화지방이며 올레산이 있어서 염증을 줄여준다.

마지막으로, 지방의 칼로리는 단백질이나 탄수화물의 두 배이지만 반려동물들을 과체중으로 만드는 가장 큰 원인은 지방이 아니다. 반려동물들에게 전염병처럼 퍼진 비만의 근본적인 원인은 (체내에 지방으로 저장되는) 탄수화물의 과도한 섭취 때문이다. 개와 고양이는 장수의 연료로 (정제 탄수화물이 아닌) 건강한 지방이 필요하다.

"항영양소"가 반려동물에게 해로울까?

식물성 식단이 건강에 좋다는 점에는 모두가 동의할 것이다. 그런데 식물이 생성하는 화합물(렉틴, 글루코시놀레이트, 옥살레이트, 피테이트, 사포닌, 탄닌 등)은 다른 영양소들이 체내에 흡수되는 것을 방해할 수 있다. "항영양소anti-nutrient"라고 불리는 이런 화합물들은 식물이 곤충과 질병으로부터 자신을 보호하기 위해 만들어진다. 반려동물에게 항영양소를 먹이면 건강에 좋은 영양소를 전달하려는 원래의 목적에 어긋나는 건 아닐까?

그렇지는 않아 보인다. 대부분의 영양학자들은 항영양소가 함유된 식물을 섭취하는 데 따른 이점이 그 식물을 먹지 않을 때의 위험보다 훨씬 크다고 말한다. 식물은 생명을 연장해주는 폴리페놀과 약용 효과가 있는 피토케미컬, 항산화 성분, 플라보노이드의 주요 공급처이다(솔직히 말하자면 모든 식품의 성분은 그 자체로만 보면 "문제"가 있기 마련이다). 하지만 "채식" 혹은 전분/탄수화물 함량이 매우 높은(사료의 탄수화물의 함량 계산법은 13쪽 참조) "무곡물" 사료를 통해 항영양소 성분을 다량으로 섭취한다면 문제가 생길 가능성이 크다. (다른 이유들도 있지만) 이런 이유에서 우리는 고전분/고탄수화물 사료나 채식 사료를 권장하지 않는다.

유전 또는 품종적 소인이 항영양소를 효과적으로 제거하는 능력을 손상시키기도 한다. 만약 반려동물의 건강 상태 때문에 수의사가 특정 음식을 피하라고 한다면 이 책에서 수많은 대안을 찾을 수 있다. 항영양소에 대한 걱정이 여전한 사람들을 위해 마지막으로 짚고 넘어가자면, 이 책의 레시피에는 전반적으로 식물성 재료가 적은 편이다. 조상 개들의 식단을 고려했기 때문이다. 재료를 가열하거나 발아(66쪽 참조)시키는 방법으로 항영양소를 비활성화하거나 극적으로 줄일 수도 있다.

반려동물의 미생물 군집

반려동물의 소화기에는 고유한 생태계를 가진 복잡하고도 경이로운 세계가 자리한다. 세균, 바이러스, 곰팡이, 기생충, 기타 이롭고 해로운 미생물로 이루어진 군집은 동물의 건강에 가장 중요하다. 음식의 소화와 영양소의 대사를 돕고 면역 방어에 통합적으로 관여하며 오염 물질과 병원균을 해독하고 염증 경로를 조절하고 효소를 생성 및 방출하고 호르몬 시스템의 균형을 잡고 B12와 K를 포함한 주요 비타민을 생성하고 뇌와 신경의 필수 기능을 지원하는 화학물질을 공급한다. 반려동물의 장 건강은 그들의 수명을 단축하는 만성질환과도 밀접하게 연관되어 있다.

다양하고 균형 잡힌 미생물 군집을 파괴하는 해로운 노출에는 가정과 환경의 화학물질, 비료, 항생제 및 기타 약물, 스트레스, 질병, 대사 스트레스를 유발하는 단조로운 식단 등이 있다. 연구에 따르면 (열 가공 식품으로 구성된 식단과는 대조적으로) 생식은 장내 세균의 균형과 다양성을 높여 장 기능을 개선할 뿐만 아니라, 노년의 더 나은 소화 기능과 함께 알레르기 위험도 낮춰준다. 또한 가공되지 않은 육류와 내장육, 생선, 달걀, 생뼈, 채소, 베리류를 꾸준히 섭취하는 개는 가공 사료를 먹는 개보다 만성 장병증(chronic enteropathy, CE) 같은 문제가 발생할 가능성이 22% 낮다.

미생물 군집의 기적 같은 힘이 믿기지 않는 사람들도 있을지 모른다. 보비를 보자. 우리는 미생물 군집 분석 검사를 위해 보비의 변을 제출했는데, 연구진은 그렇게 다양하고 건강한 미생물 군집은 처음 본다고 했다! 알다시피 보비는 오로지 신선식만 먹었고 매일 미생물이 풍부한 토양에 오랜 시간 노출되었다. 음식이 개와 고양이의 미생물 군집에 끼치는 영향에 대해 연구하는 미생물 생태학자 홀리 간즈Holly Ganz 박사는 현미경으로 변을 살펴보면 신선식을 먹는 반려동물과 그렇지 않은 반려동물이 충격적일 정도로 한눈에 구분된다고 말했다. 그만큼 미생물 군집이 완전히 다르다는 것이다. 신선식을 먹는 반려동물의 변에서 훨씬 더 큰 미생물 다양성이 발

유익균을 강화하라: 반려동물의 미생물 군집에서 가장 흔하고도 중요한 구성 요소는 푸소박테륨Fusobacterium인데, 이 책의 많은 레시피들처럼 신선한 육류 기반 식단으로 이 균종에 힘을 실어줄 수 있다. 항생제는 꼭 필요할 때가 종종 있지만 (설사약 메트로니다졸을 포함해) 단 1회만 복용해도 푸소박테륨을 비롯한 유익균이 죽을 수 있다. 복용을 중단해도 장 생태계가 원래대로 돌아가지 않을 수도 있다. 하지만 걱정하지 않아도 된다. 홈메이드 식단은 장의 푸소박테륨 수치를 개선하는 효과가 있다.

견된다.

필자들은 미생물 군집에 매우 관심이 많다. 그래서 이 책의 레시피에도 장 건강에 이로운 재료들이 많이 들어간다. 우리가 선택한 포에버 푸드의 다섯 가지 카테고리가 버섯, 새싹 & 허브, 민들레, 달걀, 정어리 & 생선인 이유도 미생물 군집 건강에 필수적인 유익한 영양소와 화합물, 프리바이오틱스 섬유가 이 재료들에 들어 있기 때문이다.

프리바이오틱스

프리바이오틱스는 장내 세균의 먹이가 되는 식물성 섬유질이다. 장의 미생물들은 살아 있고 생존을 위해 먹이가 필요하다. 프리바이오틱스가 풍부한 음식을 섭취하는 것은 장 건강에 필수적이다. www.for-everdog.com에서 간식과 훈련용으로 좋은 프리바이오틱스가 풍부한 과일과 채소 목록 PDF 파일을 내려받을 수 있다.

민감한 위장관을 가진 녀석들은 섬유질이 많은 식단을 섭취하면 장 염증이 줄어들고 묽은 대변이 견고해지고 당 분해(당을 분해하여 에너지를 얻는 대사 과정)가 촉진된다. 전부 미생물 군집이 건강해지고 있다는 신호다.

브로콜리 효능 업그레이드하기: 잘게 썬 브로콜리는 간편하고 건강에도 좋은 간식이다. 암과 2형 당뇨를 예방하고 소장 내벽을 보호하는 효과가 있다. 잘게 썬 브로콜리를 90분 동안 방치했다가 먹이면 암성 종양의 증식을 막거나 늦추는 식물성 화학물질 설포라판의 활동이 무려 2.8배까지 증가한다!

설포라판

90분

설포라판 효능
2.8배 증가

건강한 습관으로의 변화

반려동물의 식사와 간식을 바꿀 때 가장 중요한 것은 건강한 습관을 만드는 것이다. 그 첫 단계로 간식(훈련 간식, 미끼 또는 보상)을 바꾸는 것을 추천한다. 건강에 해로운 초가공 고탄수화물 정크 푸드 간식은 이제 안녕이다. 대신 건강에 좋은 간식을 의도적 보상으로 활용하자. "칭찬"과 건강이라는 두 가지 목적을 위해 먹이는 것이다. 3장 74쪽에서 건강한 간식 레시피를 알려주겠지만 다음 페이지에서 자연식품을 이용한 아주 간편한 간식들을 소개할 것이다. 간식 장난감과 음식을 이용한 두뇌 발달 촉진 놀이도 전부 "간식"에 포함된다. 지루함을 물리치는 행동 풍부화 놀이에 사용되는 음식들은 영양학적으로 완전하고 균형 잡힌 식사가 아니기 때문이다.

일단 반려동물의 간식 습관을 바꾼 후에는 식사 습관 바꾸기를 시작할 수 있다. 100% 가정식으로 바꾸지 않아도 된다는 것을 기억하자. 현재 식단에서 10~75% 정도만 홈메이드로 바꾸면 된다. 완전하고 균형 잡힌 가정식에는 신선한 자연식품이 가득해서 몸 안으로부터 회복과 개선이 이루어지므로 머지않아 건강과 음식 선호, 에너지 수준의 변화가 눈에 띌 것이다.

전부 다 바꿔야 한다는 생각을 버리자. 조금이라도 바꾸는 것 자체에 의미가 있다. 일부든 전부든 반려동물의 식단을 기존 식단과 가정식으로 믹스 & 매치할 때 지켜야 할 법칙은 단 하나, 위장관(GI)에 부담되지 않는 속도여야 한다는 것뿐이다. 사람이 한 끼에 익힌 음식과 익히지 않은 음식을 함께 먹어도 해롭지 않은 것처럼, 반려동물에게 가정식과 시판 제품, 생식과 조리식을 섞어 먹이는 것도 전적으로 안전하다. 음식을 다양하게 먹는 것이 반려동물에게 부정적인 영향을 끼친다고 증명한 논문은 단 하나도 없으니 시판 사료에 생식 토퍼를 추가해서 주거나, 생식에 익힌 (또는 남은 익힌 채소) 토퍼를 섞어서 주거나 리킹 매트와 장난감을 이용해 온갖 다양한 조합의 음식을 급여해도 된다.

고기를 얼리는 방법: 슈퍼마켓에서 산 생고기에 기생충이 들어 있을까 봐 걱정스럽다면 "3주 냉동"을 기억하자. 냉동실에 넣고 3주 후에 해동해서 먹는다(사람과 반려동물 모두).

1장 포에버 펫 먹이기

간편 간식: 냉장고에 흔한 재료가 보약 간식

이것은 신선식품을 잘게 썰어서 생으로 혹은 서서히 익혀서 식사에 토퍼로 올려주거나 간식으로 급여하는 코어 장수 토퍼(Core Longevity Toppers, CLT)를 말한다. CLT는 새로 요리할 필요가 없으며 남은 음식이나 재료, 자연식품 자투리, 냉장고에 든 건강한 음식의 작은 조각 등을 활용하면 된다. 크기는 작지만 효과는 작지 않다. 예를 들어, 스코틀랜드테리어를 대상으로 한 연구에서는 노란색과 주황색, 녹색 잎채소를 일주일에 세 번씩만 기존 식사에 추가해도 방광암 발병 가능성이 현저히(60% 이상!) 감소한다는 결과가 나타났다. 식사를 제외한 간식은 하루 칼로리의 10%를 넘으면 안 된다는 사실을 기억하자.

항산화 성분이 풍부한 음식

- 비타민 C가 든 피망
- 캡산틴이 든 빨간 피망
- 안토시아닌이 풍부한 블루베리, 블랙베리, 라즈베리
- 베타카로틴이 풍부한 캔털루프
- 나린제닌이 풍부한 방울토마토
- 푸니칼라진이 풍부한 석류
- 폴리아세틸렌이 풍부한 당근
- 아피제닌이 풍부한 완두콩
- 설포라판이 풍부한 브로콜리

항염증 식품

- 브로멜라인이 든 파인애플
- 오메가-3가 풍부한 정어리
  (저퓨린 식단이 필요한 개들은 제외)
- 퀘르세틴이 풍부한 크랜베리
- 쿠쿠비타신이 풍부한 오이
- 망간이 풍부한 코코넛 과육
  (또는 건조, 무가당 코코넛칩)
- 비타민 E가 풍부한 생 해바라기씨
  (싹을 틔워서 엽록소가 풍부한 식품으로 업그레이드할 수 있다!)
- 마그네슘이 든 생 호박씨
  (훈련용 간식으로 하나씩 주기에 안성맞춤. 체중 4.5kg당 하루 최대 1/4 작은술이 적당)
- 셀레늄이 풍부한 브라질너트
  (잘게 잘라서 큰 개는 하루에 하나, 소형견은 반 개를 먹임)
- 엽산이 든 그린빈
- 피세틴이 든 딸기
- 인돌-3-카비놀이 풍부한 케일
  (또는 홈메이드 케일 칩)
- 이소티오시아네이트가 풍부한 콜리플라워

해독에 좋은 음식

- 아피제닌이 풍부한 셀러리
- 아네톨이 든 펜넬
- 후코이단이 풍부한 김(기타 해조류)
- 베타인이 든 비트
  (옥살산염 문제가 있는 개는 제외)

장 건강에 좋은 음식

- 프리바이오틱스가 풍부한 지카마, 호박, 그린 바나나, 돼지감자, 아스파라거스
- 악티니딘이 풍부한 키위
- 펙틴이 풍부한 사과
- 파파인이 풍부한 파파야

익히면 더 좋은 음식: 간편 채소 간식은 생으로도 좋지만 익히면 영양가가 더 풍부해진다.

- **시금치:** 가열하면 칼슘의 흡수율이 증가한다. 옥살산염도 일부 제거된다.

- **아스파라거스:** 열을 가하면 아스파라거스의 단단한 세포벽이 분해되어 비타민 B9, C, E가 더 잘 흡수된다.

- **버섯:** 조리하면 활성산소로 인한 손상을 보호하는 항산화 물질인 에르고티오닌이 분비된다. 오븐에서 93℃(200℉)로 10분 구우면 소화가 더 잘 되고 플라보노이드가 가장 많이 보존되는 것으로 나타났다.

- **토마토:** 익히면 심장질환과 암을 예방하는 리코펜의 체내 흡수율이 50% 증가한다. 하지만 비타민 C가 29% 줄어든다는 단점이 있다.

- **당근:** 당근에는 비타민 A로 대사되어 면역체계를 지원하는 베타카로틴이 풍부하다. 익히면 베타카로틴의 양이 늘어난다.

- **피망:** 토마토와 마찬가지로 가열하면 세포벽이 분해되어 특정 항산화 성분의 흡수율이 높아진다. 하지만 토마토와 마찬가지로 비타민 C는 줄어든다.

- **그린빈:** 익히면 항산화 성분이 증가한다.

- **브로콜리, 콜리플라워, 방울다다기양배추:** 익히면 미로시나아제라는 효소가 활성화되어 항암 피토케미컬들을 작동시킨다.

변덕스러운 녀석들을 위한 팁

새로운 음식을 곧장 받아들이는 반려동물들도 있지만 시간이 좀 더 걸릴 수도 있다. 다음 전략들은 까다로운 반려동물의 식단을 바꿀 때 도움이 된다.

- **일관성을 유지하라:** 단백질의 유형과 식사/간식의 일관성을 지키는 것으로 시작한다. 현재 소고기 맛 사료와 소고기 간식을 먹이고 있다면 익힌 소고기를 이용한 레시피(스튜)부터 시작하자.
- **냄새를 이용하라:** 적어도 처음에는 생식이 아닌 조리법을 이용해 맛있는 냄새를 피워서 음식을 먹도록 유인한다. 만약 새로운 음식을 받아들인다면 익힘 정도를 줄일 수 있다.
- **새로운 간식을 슬쩍 끼워 넣어라:** 기존 시판 간식을 콩알만 한 크기로 잘라서 주되 서너 번에 한 번씩 새로운 건강 간식을 준다. 이런 식으로 새로운 간식의 양을 점차 늘려나가면서 남은 시판 간식을 다 소비한다. 가정식만큼 질 좋은 제품이 아니라면 구매하지 않는다.
- **자율 급식을 중단하라:** 하루 종일 음식에 자유롭게 접근하게 하지 말고(자율 급식) 식사 후 식기를 치운다.
- **식사 시간대를 정하라:** 36쪽의 "타이밍이 중요하다"에서 식사 시간대를 정해야 하는 이유를 참고한다.
- **칼로리 계산:** 157 ~ 159쪽에서 반려동물에게 필요한 칼로리를 파악하고, 현재 급여하는 음식의 양이나 먹이고 싶은 음식의 칼로리를 측정한 후 준수하라. 과잉 급여는 새로운 음식을 시도할 동기를 제공하지 않는다.
- **하나만 바꿔라:** 급여 시간과 양, 음식의 종류를 한꺼번에 바꾸려고 하면 스트레스가 심할 수 있다. 한 번에 하나씩 바꾸면서 반려동물의 반응을 살피자.
- **계속 시도하라:** 예전에 거부했던 음식이라도 나중에 다시 시도해본다. 캐런의 반려견 호머는 오이를 먹는 데 3년이 걸렸다. 사람은 살아가는 동안 입맛이 변하고 어렸을 때 좋아하지 않던 음식을 갑자기 좋아하게 된다. 동물들도 시기와 필요에 따라 얼마든지 새로운 음식을 먹게 될 수 있다.

기억하자. 생리적인 스트레스(묽은 변 등)나 행동 스트레스(온종일 먹는 것을 거부하는 일 등)가 나타나면 속도를 늦춰야 한다. 주인도 스트레스받으면 안 된다. 여유로운 마음으로 천천히 일관성 있는 변화를 추구하면 시간이 지남에 따라 건강에 큰 도움이 되므로 반려동물에게 알맞은 속도로 나아가자.

위장관 질환 치료법

건강한 식단으로 바꾸는 과정에서 위장관 질환이 발생하면 우선 속도를 늦춰야 한다. 과학적으로 뒷받침되는, 다음의 자연 치료법도 도움이 될 것이다.

- **슬리퍼리 엘름 파우더:** 북미에서 자생하는 슬리퍼리 엘름, 즉 느릅나무의 속껍질을 간 것이다. 슬리퍼리 엘름은 수 세기 동안 원주민들에 의해 설사와 위장관 질환에 사용되었다. 사람의 염증성 장 질환을 완화하는 효과는 과학적 연구로도 뒷받침된다. 슬리퍼리 엘름에 함유된 점액질은 물과 섞이면 젤리로 변하는데, 무엇이든 닿으면 코팅하고 진정시키는 효과가 있다. 체중 4.5kg당 1/2작은술을 간이 세지 않은 음식과 섞어서 하루 두 번 복용한다.

- **마시멜로 뿌리가루:** 다년생 허브 마시멜로의 뿌리로 만든 가루는 염증을 줄이고 대변 점도를 개선하고 위궤양을 예방한다. 체중 약 7kg당 1/4작은술을 간이 세지 않은 음식에 섞어서 하루 2회 먹인다.

- **호박:** 시판 제품 또는 직접 만든 100% 순수 호박 퓌레를 사용한다(체중 4.5kg당 1작은술). 호박은 프리바이오틱스 섬유질이 풍부해서 위장관 질환과 묽은 변에 좋다.

- **활성탄:** 체중 약 11kg당 1캡슐씩 먹인다.

응가 테스트: 변은 식단 변화에 얼마나 잘 적응하고 있는지 알려주는 확실한 척도이다.

- 장이 건강하다! 신선식의 양을 하루 5～10%씩 늘린다.

- 속도를 늦추고 변의 경도가 개선될 때까지 새로운 음식을 추가하지 않는다.

- 반려견이 새로운 음식 때문에 상당한 소화불량을 겪고 있다. 식단에 호박 퓌레를 추가해서 대변 경도를 개선하고 변화 속도를 늦추자.

타이밍이 중요하다

반려견이 무엇을 먹는가만큼 언제 먹는가도 중요하다. 미생물 군집, 호르몬, 소화계, 뇌 화학물질은 생체 리듬을 따르므로 반려견이 언제 깨어 있고 언제 먹을 준비가 되어 있는지에 주의를 기울여야 한다. 연구에 따르면 식사 시간대가 8~12시간인 쥐는 똑같은 칼로리를 섭취하더라도 하루 종일 먹는 쥐보다 더 오래 사는 것으로 나타났다. 따라서 식사 시간대가 정해진 시간 제한 식사법을 추천한다.

개는 6~8시간, 고양이는 8~12시간으로 "식사 시간대eating window"를 제한하면 음식물을 섭취하지 않는 동안 오토파지autophagy와 세포 청소, 해독 주기가 최적화된다. 잠들기 2시간 전에는 모든 음식물 섭취를 중단한다. 그래야 몸이 소화 모드에서 세포 복구 모드로 바뀔 시간이 주어진다. 하루 급여 횟수는 1회 또는 2회, 3회 등 각자의 여건에 맞추면 된다.

평소 건강 상태가 양호하고 별로 배고파 보이지 않으면 한 끼 정도는 건너뛰어도 된다. 먹고 싶어 할 때 급여하되 하루 필요량을 지켜야 한다는 사실을 기억하자(급여 횟수가 적어지면 한 번에 더 많은 양을 줘야 할 것이다). 생물학적으로 개가 절대 굶지 말아야 할 이유는 없다. 보비와 달시도 가끔 식사를 건너 뛰었지만 포에버 도그 타이틀에 아무 위협도 되지 않았다. 무려 25,000마리의 개가 참여한 대규모 연구에서도 하루에 한 번 먹는 개들이 암, 인지 장애, 이빨 문제, 신장 및 비뇨기 질환을 비롯한 노화 관련 질환으로 고생할 가능성이 더 적은 것으로 나타났다.

2장
포에버 푸드

이 장에서는 생체 이용율이 가장 높은 영양소가 가득한 포에버 푸드를 엄선하여 소개한다. 포에버 푸드는 조합해서 식사로 만들거나 토퍼로 얹어주거나 간편 간식으로 이용할 수 있다.

포에버 푸드:
약용 버섯

약용 버섯은 효능이 매우 뛰어나지만 제대로 알지 못하는 사람들이 많다. 장에 좋은 프리바이오틱스 섬유질과 장수를 돕는 성분(폴리페놀, 글루타치온, 폴리아민, 에르고티온 등), 면역력을 올려주는 베타글루칸이 들어 있는 기적의 포에버 푸드인 버섯은 반려동물에게 꼭 필요하다.

급여 방법: 체중 4.5Kg당
하루 1작은술의 버섯을 익혀서 급여한다.

버섯은 고대 그리스와 로마제국, 서기 1세기경 페루의 모체 문명에 이르기까지 수천 년 전부터 약으로 사용되었다. 2천 년 전에 중국 전문가들은 버섯을 가리켜 "기(생명력)를 불어넣는 신성한 약초"라고 표현하기도 했다. 하지만 중세 시대에 버섯의 평판이 나빠졌다. 아마도 (지금은 잘 알려졌지만) 버섯이라고 전부 먹을 수 있는 것은 아니라는 사실 때문일 것이다. 일부 야생 버섯은 먹으면 목숨을 잃을 수도 있다(반려동물도 위험하다).

이렇듯 버섯은 생명체를 죽음으로 몰아넣을 수도 있고 살릴 수도 있는 강력한 힘이 있으니 더 큰 관심을 가져야 한다.

현실적으로 인간에게 안전하고 건강에 좋은 버섯은 반려동물을 포함한 다른 동물에게도 안전하고 건강에 좋다. 반대로 인간에게 독버섯이라면 반려동물에게도 독이다. 이 책에서 말하는 버섯은 먹을 수 있고 영양가 높은 "약용" 또는 "기능성" 버섯이다. 영양 성분 외에도 건강에 특히 이로운 효능을 갖추었다고 알려진 안전한 특정 균류인 것이다. 기능성 버섯은 영양가가 뛰어난 필수 요리 재료일 뿐만 아니라 특정한 건강상의 이익을 제공하는 강력한 화합물이 들어 있으며 미국식품의약국(FDA)의 심의를 거쳐 영양제로 탈바꿈할 수 있다.

우리 몸이 물리적, 화학적, 생물학적 스트레스에 저항하도록 도와주는 약용 버섯은 강장제 또는 적응보호물질(adaptogen)이다. 슈퍼마켓이나 농산물 직거래 시장에서 쉽게 살 수 있는 식용 버섯에도 강장제 성분이 들어 있다. 게다가 버섯은 차, 육수, 토퍼, 리킹 매트나 장난감용, 아이스 큐브, 식사, 간식 등 다양하고도 간편한 방법으로 반려동물의 식단에 첨가할 수 있다. 버섯으로는 뭐든지 가능하다!

버섯이 해독, 세포 보호, 면역 조절, 두뇌 발달 등 몸 전체에 이로운 최고의 영양 식품이라는 사실은 과학적으로 수없이 증명되었다. 한 연구에서는 매일 버섯을 먹은 사람들은 식단이나 생활 방식과 상관없이 모든 원인에 의한 조기 사망 위험이 낮다고 밝혀졌다. 버섯에는 폴리아민이 들어 있다. 손상되거나 오래된 세포 성분을 제거하고 재활용하는 오토파지를 활성화하는 화합물이다. 폴리아민의 하나인 스퍼미딘은 인지력을 개선하고 신경계를 보호한다. 버섯에는 스퍼미딘이 그 어떤 음식보다 많이 들어 있다. 버섯에는 글루타치온과 에르고티오닌도 풍부하다. 글루타치온은 세포를 보호하는 항산화 물질인데 나이가 들면서 체내 생산량이 줄어든다. 에르고티오닌(ERGO)도 항산화 물질이며 항염증 호르몬을 증가시키고 산화 스트레스를 줄인다. 이 둘은 오늘날 과학계에서 "장수비타민"이라는 별명으로 불린다.

또한 약용 버섯은 바이러스와 해로운 박테리아를 물리치고 혈당의 균형을 잡고 염증을 예방하고 미생물 군집의 건강을 증진한다. 버섯은 (하루에 두 개만 먹어도!) 우울증과 불안 위험을 낮추고 암 위험도 최대 45% 낮춘다. 또 (특히 뇌의) 만성 염증을 물리친다. 만성 염증은 인지 기능 저하, 심혈관 문제, 장기 부전 등을 일으켜 건강과 수명을 해치는 주범이기 때문에 중요하다.

이렇게 강력한 효능을 갖춘 버섯은 반려동물의 포에버 푸드에 반드시 포함되어야 한다!

버섯 먹이기의 기본: 표고버섯, 운지버섯, 잎새버섯, 영지버섯, 만가닥버섯, 느타리버섯, 동충하초, 노루궁뎅이버섯을 포함한 약용 버섯은 점점 커지는 인기와 함께 "슈퍼푸드 고급 버섯"이라고 홍보되어 팔린다. 포토벨로, 양송이버섯 등 슈퍼마켓이나 직거래 농산물 시장에서 흔히 볼 수 있는 버섯을 반려동물의 식사에 사용해도 된다. 대부분의 버섯은 생물, 건조, 가루, 보충제 형태로 먹을 수 있지만 우리는 버터나 코코넛 오일에 볶아서 간단 토퍼로 활용하거나 육수나 차로 우리는 것을 선호한다. 얼려둔 버섯 육수는 수분을 공급해주는 맛있는 간식이나 가정식 레시피의 재료로도 사용할 수 있다.
버섯을 구하기 어려우면 아시아 슈퍼마켓이나 직거래 농산물 시장, 보충제 및 허브 판매점에서 말린 버섯이나 무첨가 버섯가루를 찾아본다. 말린 버섯은
뼈 육수나 허브차로 우려서 요리 레시피에 사용할 수 있다.
개가 뒷마당에서 야생 버섯을 캐지 않도록 잘 감시해야
한다. 야생 버섯을 먹었다면 곧장 응급실로 데려간다.
한 가지 버섯 또는 여러 가지를 섞어서 간식이나
토퍼로 사용한다. 39쪽의 급여 방법을 따른다.

약용 버섯: 효과와 조리 방법

아래의 사진들은 약용 버섯의 "이상적인" 모습이다. 일부는 구하기 어려울 수 있으므로 포토벨로, 양송이버섯, 포르치니, 크레미니 같은 일반적인 식용 버섯을 사용해도 된다.

종류	효능	요리 방법
영지버섯 	• 코르티솔 감소 • 면역계를 조절하고 암세포와 싸우는 항염증성, 항균성, 항바이러스성 화학물질 트라이테르펜 140가지 이상 함유(특히 가노데릭산, 루시덴산, 스테롤) • 혈당 조절 • 암세포와 싸우는 선천적인 면역 반응을 자극하는 베타글루칸 풍부 • 간 해독 지원	크기가 작은 것은 기름에 볶기 좋지만 큰 것은 꽤 단단하므로 우려서 차나 육수로 만든다.
차가버섯 	• 간 염증 예방 • 암세포 성장 억제(쥐의 경우 최대 60%까지 종양 억제) • 트라이테르페노이드, 멜라닌, 다당류, 폴리페놀, 플라반 같은 항산화 성분 풍부 • 면역 균형(알레르기 질환에 사용)	일반적으로 보충제나 파우더 형태로 구할 수 있다. 생물 차가버섯은 먹기 어려우므로 차나 육수로 우린다.
노루궁뎅이버섯 (사자갈기버섯이라고도 함) 	• 인지 장애 개선 • 뉴런 성장 촉진 • 신경 성장 인자(NGF)를 자극해 신경 지원 및 회복 • 기분 조절 • 노견의 장내 미생물 군집 개선 • 노화 방지 다당류와 펩타이드 함유	조리하거나 우리거나 생으로 먹을 수 있다. 해산물과 비슷한 맛.

종류	효능	요리 방법
운지버섯 	• 종양과 혈관육종 성장 억제 • 미생물 군집 건강을 돕는 프리바이오틱스 섬유질 함유 • 특정 사이토카인의 생성을 억제해 염증 감소	차나 육수로 우리거나 얼리거나 말리기에 좋음.
잎새버섯(마이다케 버섯) 	• 강력한 항암 물질이자 면역력에도 좋은 다당류 디−프랙션d−fraction 함유 • 장을 치유하는 베타글루칸 함유 • 포도당과 인슐린 대사에 긍정적인 영향을 주고 알파−글루칸 함유	우리거나 볶음용으로 좋다.
느타리버섯 	• 폐 건강에 좋은 플루란 함유 • 혈압을 낮추는 페놀 화합물 함유 • 유방암과 대장암 세포의 성장 억제 • 면역력 강화	기름에 볶으면 매우 부드러워진다.
표고버섯 	• 면역력을 높이고 종양의 성장을 늦추는 생리활성물질 렌티난 함유 • 항바이러스제 • 활성산소와 싸우는 항산화제 L−에르고티오닌 함유	기름에 볶으면 훌륭하며 말린 것을 쉽게 구할 수 있다.

종류	효능	요리 방법
크레미니 버섯 또는 양송이버섯 (버튼 버섯이라고도 함) 	• 고단백 • 인슐린 저항성을 개선하고 장 건강을 증진하는 프로바이오틱스 다당류 함유	볶거나 굽거나 건조하기에 좋다.
포토벨로 	• 바나나보다 칼륨 풍부 • 신경퇴행성 질환 예방	볶거나 굽거나 건조하기에 좋다.
개암버섯 	• 염증을 줄여주는 다당류 함유 • 세포 수용체에 작용해 콜레스테롤을 줄여주는 베타글루칸 함유	나무 그루터기나 뿌리에서 자란다. 볶음용으로 좋다.
시모푸리 히라다케 버섯 (블랙 펄 버섯, 느타리 버섯의 일종) 	• 유방암과 대장암 세포 성장 억제 • 콜레스테롤을 줄이는 로바스타틴 함유	수프나 스튜에 좋고 볶음용으로도 좋다.

종류	효능	요리 방법
만가닥버섯 (화이트 비치, 시푸드 버섯) 	• 항균성, 항기생충성 • 항암 • 심장 보호	익히지 않으면 쓴맛이 난다.
동충하초 	• 에너지(ATP) 생성 증가 • 신진대사 경로 개선으로 장, 심장 및 신장 건강 지원 • 유전자 발현 변화로 노화 방지 효과 • 면역력 조절, 항산화, 항종양, 항암, 항염증, 항알레르기, 항균, 항진균 효능이 있는 화합물 함유(사이클로딥시펩타이드, 뉴클레오사이드, 다당류 등)	보통 파우더 또는 보충제 형태로 구할 수 있다. 생물 동충하초는 우려도 좋다.

이상한 버섯 차가버섯: 차가버섯은 버섯처럼 생기지도 않았다. 나무에 기생하는 이 균류는 숯이나 나무껍질처럼 보인다. 항암과 간 치유 효능으로 잘 알려져 있으며(심지어 방광암 걸린 개의 암세포 증식을 억제한다) 덩어리, 팅크제 또는 가루로 구매할 수 있다. 차를 끓여도 되고 뼈 육수를 만들 때 넣어도 된다.

모두 같은 버섯: 양송이버섯(또는 버튼 버섯)은 크레미니와 똑같은 버섯이다(흰색과 갈색이라는 차이가 있을 뿐). 그리고 크레미니는 포토벨로와 똑같은 품종이다. 모두 *Agaricus bisporus*에 속하지만 성숙 단계가 다를 뿐이다. 크레미니가 포토벨로로 자라면서 수분이 사라져 크기가 커지고 맛이 좋아진다.

버섯을 더 건강하게 먹는 팁

다음의 방법을 이용하면 버섯의 효능이 올라가고 시간과 비용을 절약할 수 있다.

- **비타민 D 증가:** 버섯에는 비타민 D2(에르고칼시페롤)가 들어 있다. 이것은 비타민 D의 일종으로 개의(고양이는 해당하지 않음) 체내에서 비타민 D3(콜레칼시페롤)로 활성화된다. 버섯을 씻은 후 주름이 위로 오게 놓고 최소 15분 동안 직사광선을 쬐면 비타민 D 수치가 올라간다. 이렇게 하면 양송이버섯의 비타민 D가 최대 15% 증가하고, 표고버섯은 8시간 후 비타민 D 함량이 무려 1,150배가 된다.

- **대를 버리지 마라:** 버섯의 대에는 (반려견의 소화에 이로운) 생리활성 섬유와 (면역계의 균형을 유지하고 인슐린 조절을 돕고 염증을 줄이고 위장관계를 도와주는) 베타글루칸이 2배나 많다.

- **익혀 먹어라:** 우리가 인터뷰한 전문가들은 버섯을 익혀서 먹이는 것이 가장 좋다고 입을 모은다. 익히면 폴리페놀과 항산화 성분을 포함한 생리활성물질이 증가해서 더 좋다. 버섯을 익히는 가장 건강한 방법은 끓이는 것이다. 원하는 크기로 잘라서 육수나 차, 또는 정수된 물에 넣어 끓인다. 부드러워질 때까지 익힌다. 입맛이 까다로운 녀석들은 코코넛 오일이나 약간의 버터에 볶은 버섯을 선호할 것이다.

- **편하게 써는 방법:** 달걀 슬라이서를 이용한다. 특히 양송이버섯에 안성맞춤이다.

40 IU/100g
햇볕 쬐지 않음
표고버섯의
비타민 D(IU/100g) 생성

756 IU/100g
햇빛에 15분 노출
햇빛 노출 시
표고버섯의
비타민 D(IU/100g) 생성

46,000 IU/100g
햇빛에 8시간 노출
햇빛 노출 시
표고버섯의
비타민 D(IU/100g) 생성

포에버 푸드:
달걀

달걀은 지구상에서 가장 영양가 높은 반려견 간식이다. 반려견에게 필요한 필수 아미노산, 비타민, 미네랄을 모두 함유한 강력한 단백질이고, 항산화 성분도 들어 있으며 콜린의 양은 다른 식품보다 (100g당) 두 배나 많다. 한마디로 달걀은 천연 종합비타민이다!

급여 방법: 체중 4.5kg당
일주일에 세 번 반개씩 먹인다.

우리 조상들은 암탉 둥지의 신선한 알을 가져오면 닭이 계속 알을 낳는다는 사실을 발견했다. 기록에 의하면 고대의 원주민들은 적어도 기원전 3,200년에 정글의 가금류를 길들였고 이집트인과 중국인들은 기원전 1,400년부터 달걀을 식재료로 사용하기 시작했다.

개들은 달걀이 맛있고 영양가가 풍부하다는 사실을 그보다 훨씬 전부터 알았다. 고대의 가축화되지 않은 개들은 조상인 늑대처럼 먹이를 사냥하고 새와 둥지의 알을 먹어 치웠다. 인간의 동반자로 여겨진 중세에는 주인이 주는 자투리 고기를 먹었다. 아플 때는 버터 바른 달걀처럼 영양학적으로 더 복합적인 음식이 주어졌다.

달걀에는 개들의 근육 성장과 재생을 위해 필요한 10가지 필수 아미노산이 모두 들어 있다. 고양이들이 많이 필요로 하지만 다른 음식으로 합성할 수 없는 아미노산인 타우린도 들어 있다. 달걀은 백내장을 비롯한 노화 관련 질환으로부터 눈을 보호하는 루테인과 제아크산틴 같은 항산화 물질이 풍부하다. 사실 달걀의 루테인과 제아크산틴은 식물에 함유된 것보다 생체 이용도가 높다. 달걀에는 뇌의 신경전달물질인 아세틸콜린의 생성에 중요한 영양소인 콜린도 많다. 아세틸콜린은 뇌 기능과 기억력에 도움이 되며 "개 치매"를 치료하고 예방할 수도 있다. 콜린 수치가 낮으면 간과 심장질환 위험이 있다. 그리고

달걀의 구성: 노른자와 흰자에는 단백질이 각각 3g씩 들어 있다. 하지만 노른자의 칼로리가 더 높고 건강한 세포 구조와 뇌 건강, 신경전달물질 생성에 필수적인 콜린도 전부 노른자에 들어 있다. 노른자에는 하얀 끈처럼 생긴 알끈이 있는데 단백질 성분이라 영양가가 높다. 알끈은 노른자를 알의 중심에 고정해준다. 신선한 달걀일수록 알끈이 또렷하다. 달걀 인에서 핏빛 반점을 발견해도 놀라지 말자. 노른자 안의 혈관에서 나온 것이고 섭취해도 아무 문제가 없다.

일반적인 단백질 토퍼들과 비교

달걀
- 생물가 100%
- PDC 단백질 점수 100%

생선
- 생물가 83%
- PDC 단백질 점수 96%

소고기
- 생물가 80%
- PDC 단백질 점수 92%

닭고기
- 생물가 79%
- PDC 단백질 점수 91%

단백질의 최강자: 단백질의 생체 이용도를 측정하는 방법에는 여러 가지가 있다.

- **생물가:** 섭취한 단백질이 얼마나 잘 흡수되는지를 나타내는 비율이다. 생물가 100%는 단백질을 이루는 아미노산이 하나도 남김없이 몸이 대사할 수 있는 방식으로 존재한다는 뜻이다. 단백질의 생물가가 낮으면 몸에 필요한 필수 아미노산이 부족할 수 있다.
- **단백질 소화율 교정 아미노산 점수**(Protein Digestibility-Corrected Amino Score, PDCAAS)**:** 단백질이 몸에 필요한 아미노산을 얼마나 충족하는지를 나타내는 값이다. 동물성 단백질은 점수가 높은 반면, 식물성 단백질은 좀 더 낮다.

달걀이 닭고기, 소고기, 생선을 이긴다!

콜린은 DNA 합성, 지방 대사, 근육 건강과 세포 구조를 지원한다. 시판 사료에는 콜린 보충제가 들어가지만 조리, 가공 또는 냉동 과정을 거치면서 상당량이 파괴된다. 달걀은 가장 좋은 콜린 공급원이다!

달걀의 영양가를 최대한 누리려면 목초지에 방목한 닭이 낳은 달걀을 사자. 야외에서 자란 행복하고 영양 상태가 뛰어난 닭이 낳은 달걀은 베타카로틴을 포함한 카로티노이드와 루테인이 무려 100배나 더

많고 오메가-3 지방산과 비타민 E도 더 많다. 48쪽의 급여 방법대로 토퍼나 간식 또는 완전하고 균형 잡힌 식사의 재료로 반려견에게 달걀을 먹이자. 반려견의 뇌와 뼈, 근육, 장기, 미각이 고마워할 것이다.

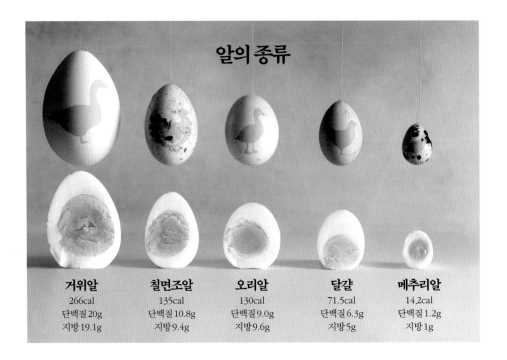

알의 종류

거위알	칠면조알	오리알	달걀	메추리알
266cal	135cal	130cal	71.5cal	14.2cal
단백질 20g	단백질 10.8g	단백질 9.0g	단백질 6.3g	단백질 1.2g
지방 19.1g	지방 9.4g	지방 9.6g	지방 5g	지방 1g

생으로 먹여야 할까, 익혀서 먹여야 할까?

역사적으로 야생의 개들은 알을 생으로 먹었다. 우리도 반려견들에게 달걀을 생으로 준다. 익히지 않은 달걀에는 오메가-3와 콜린, 비타민 D, DHA, 비오틴, 아연이 익힌 것보다 20~33% 더 많이 들어 있기 때문이다. 그리고 달걀을 익히면 비타민 A 농도가 17~20% 감소하고 항산화제 수치도 6~18% 줄어드는 것으로 밝혀졌다.

사람에게 식중독을 일으키는 살모넬라균 때문에 날달걀을 피해야 한다고 생각하는 이들이 많지만 개들은 걱정하지 않아도 된다. 개들의 위장관에는 원래 살모넬라균이 있다. 흰자에 비타민 B7(비오틴)과 결합해 흡수를 막는 단백질 아비딘이 들어 있다는 사실을 걱정하는 사람들도 있다.

하지만 다행히 달걀에는 비오틴이 많아서 아비딘 때문에 잃는 양이 거의 즉시 대체된다.

달걀을 익히고 싶다면 되도록 조리 시간을 짧게 하자. 우리는 반숙을 선호하는데 B7을 파괴하는 아비딘이 제거될 정도로 흰자에 열이 가해져서 물, 껍질, 흰자가 노른자를 보호하기 때문이다. 수란은 달걀의 비타민 D를 80% 이상 보존해준다(반면 40분 동안 구우면 61%를 잃는다).

날달걀　　반숙　　수란　　완숙　　프라이　　스크램블

날달걀　　3분　　5분

8분　　10분　　12분

달걀 껍질 칼슘 파우더

달걀 껍질에는 탄산칼슘이 풍부하고(약 800mg) 껍질 안쪽의 미끌거리는 막에는 콜라겐, 엘라스틴, 단백질, 히알루론산, 글루코사민, 콘드로이틴이 들어 있어서 훌륭한 관절 보충제가 된다. 난각 칼슘 보충제는 관절통을 72.5% 감소시키는 효과가 있는 것으로 나타났다. 달걀 껍질로 만든 간단한 칼슘 파우더를 반려견의 가정식에 사용하자(이미 칼슘이 함유된 사료에는 칼슘을 추가할 필요가 없다).

1. 오븐을 149℃(300℉)로 예열한다.
2. 달걀 껍질을 찬물로 헹군다.
3. 달걀 껍질을 오븐 용기에 넣는다.
4. 5~7분 또는 건조될 때까지 굽는다.
5. 식힌 후에 블렌더나 푸드 프로세서, 커피 그라인더를 이용해 고운 가루로 만든다.
6. 밀폐용기에 넣어 건조하고 서늘한 곳에 보관한다. 최대 2개월까지 보관 가능
   (냉동실에 보관하면 좋다).

달걀 보관하기

직접 키운 닭이 낳은 달걀이거나 산지를 정확하게 아는 경우가 아니라면 반드시 냉장 보관한다. 미국 농무부(USDA)는 미국산 달걀에 세척 및 소독을 요구한다. 이 과정에서 달걀을 감염으로부터 보호하는 자연적인 코팅이 제거된다. 미국산 달걀을 꼭 냉장 보관해야 하는 이유다. 날달걀은 냉장고에서 3~5주 보관 가능하고 완숙 달걀은 일주일 정도 가능하다.

익힌 달걀은 최대 1년까지 냉동 보관할 수 있다. 내분비 교란 화학물질이 나올 수 있으므로 랩으로 감싸는 것은 피한다. 날달걀은 한 달 동안 냉동 보관이 가능하다. 날달걀을 머핀 틀에 하나씩 깨뜨려 얼려서 나중에 사용하는 방법도 좋다.

신선도 테스트: 달걀 껍질에는 최대 17,000개의 작은 기공이 있어서 시간이 지남에 따라 공기를 흡수한다. 그래서 오래된 달걀일수록 부력이 강해 물에 뜨고 신선한 달걀일수록 가라앉는다. 또한 신선한 달걀은 흰자가 탁하지만, 오래된 달걀은 투명하다. 냄새는 달걀의 신선도를 알아보는 가장 확실한 방법이다. 깨뜨렸을 때 썩은 냄새가 나면 버려야 한다.

목초지 달걀 노른자 vs 공장 달걀 노른자: 노른자를 보면 목초지 달걀인지 공장 달걀인지 알 수 있다.

연한 색 노른자:
암탉이 보리와 밀로 만든 가금류 사료를 먹었다.

중간 색 노른자:
암탉이 알팔파와 옥수수로 만든 가금류 사료를 먹었다.

진한 색 노른자:
암탉이 건강한 식물 색소가 다양하게 함유된 녹색 채소를 포함해 살아 있는 음식을 먹었다.

멸치 그물 포획 54

포에버 푸드:
정어리(그 외 작은 생선)

정어리는 건강에 좋은 단백질로 무장한 작은 물고기다. 암과 싸우는 오메가-3, 비타민 D
와 B12는 물론이고 장수를 돕고 심장에도 좋은 코엔자임 Q10(CoQ10)이 풍부하다. 어떤
메뉴에 추가해도 훌륭하다.

급여 방법: 체중 9kg당 생물(크기가 더 크다) 한 마리나 통조림 두 마리를
일주일에 2 ~ 3번 먹인다.

변은 많은 것을 알려준다. 슬로베니아에서 발견된 5,000년 전의 개똥에는 생선 성분
이 가득했고 알래스카의 영구 동토층에서 발견된 3,000년 된 개똥은 썰매 개들이 치누크
연어와 붉은 연어, 은연어를 먹었다는 사실을 알려주었다. 두 경우 모두, 생선이 풍부한 개
들의 식단은 당시의 인간 식단과 일치했다. 물론 개들이 수천 년 동안 생선만 먹은 것은
아니지만 함께 살아가는 인간들과 생선을 나눠 먹었다.

반려견의 몸에는 생선이 필요하다. 이 책의 포에버 푸드에도 생선(정어리)이 들어간다.

정어리sardine라는 이름은 이탈리아의 섬 사르데냐Sardinia에서 나왔다. 이곳은 100세
이상 장수하는 사람들이 많은 "블루존"이다. 인간과 반려동물 모두의 장수 비밀을 간직하
고 있는 생선의 이름으로 안성맞춤이다. 정어리는 오메가-3 지방산, DHA와 EPA가 가장
풍부한 식품 중 하나다. 둘 다 개와 고양이의 염증을 감소시키고 암을 예방하고 퇴치하며,
피부 알레르기, 털 문제, 안구건조증, 심장 판막 질환, 골관절염을 치료한다.

DHA와 EPA 섭취량을 늘리면 심장 세포의 DNA 손상을 예방할 수 있다. 손상되지
않은 건강한 세포는 장수의 특징 중 하나다. 또한 DHA는 늙어가는 개의 인지 기능을 개
선하고, 고양이의 경우에는 염증 지표를 줄이고 신장을 보호해준다. 정어리는 미토콘드리
아를 지원하고(에너지 생산) 심장질환 진행을 늦추는 항산화 물질인 코엔자임 Q10이 가
장 많이 든 식품 중 하나이기도 하다. 최근의 한 연구에서는 CoQ10의 수명 연장 효과가
입증되었고, 또 다른 연구에서는 CoQ10을 복용하는 사람이 더 오래 살 뿐만 아니라 더
건강하게 살고 병원 신세를 덜 지는 것으로 나타났다.

마지막으로 육식성 반려동물은 근육과 결합조직, 피부, 털, 관절, 발톱을 위해 단백질
이 필요한데 정어리는 마리당 단백질이 무려 4g이나 들어 있다. 따라서 건식 사료만 먹거
나 노화로 근육량이 줄었거나 평소 활동량이 많은 반려동물의 식단에 추가하기 매우 훌
륭한 식품이다.

새우

타우린 31mg/100g

EPA + DHA 61mg/100g

굴

타우린 69.8mg/100g

EPA + DHA 688mg/100g

홍합

타우린 665mg/100g

EPA + DHA 441mg/100g

관자
타우린 827mg/100g

EPA + DHA 150mg/100g

정어리

타우린 147mg/100g

EPA + DHA 2760mg/100g

청어

타우린 154.4mg/100g

EPA + DHA 1571mg/100g

고등어

타우린 207mg/100g

EPA + DHA 2298mg/100g

연어
타우린 130mg/100g

EPA + DHA 1962mg/100g

그 외 작은 생선들: 정어리는 무척 훌륭하지만 그 외 작은 생선과 조개들에도 DHA와 EPA, 타우린이 많이 들어 있다. 이들은 독소 부하가 낮아서 "깨끗한 생선"이라고 부른다. 소금에 절이지 않은 멸치, 빙어, 청어, 피라미, 홍합, 새우 등을 시도해보자. 한 연구에 따르면 일주일에 두 번 이상 생선을 먹은 사람들은 (2년 동안 전혀 먹지 않은 사람들보다) 원인을 막론하고 사망 위험이 42% 줄었다! 사람에게 좋으면 반려동물에게도 좋으니 털복숭이들에게도 생선을 먹이자.

정어리 vs 피시 오일 보충제: 피시 오일 보충제도 장점이 있지만 정어리를 먹이는 것이 심혈관계에 더 좋다. 피시 오일 보충제는 뇌졸중, 심장질환, 부정맥을 포함한 심혈관계 질환을 예방하는 효과가 떨어질 수 있다. 게다가 고열에서 용매를 사용해 가공하는 경우가 많아서 지방산이 산화되고 해로운 부산물이 만들어진다.

생물, 아니면 통조림?

구할 수 있다면 생물 정어리를 추천한다. 하지만 생물과 통조림 모두 건강에 좋다. 단, 통조림은 소금물이 아닌 맹물에 담긴 것으로 사야 한다. 그 밖에도 생물과 통조림에는 다음의 차이가 있다.

통조림을 선택할 때는 BPA 프리 제품을 찾는다(캔의 부식을 방지하기 위해 첨가되는 BPA는 내분비계 교란 물질이다). 항상 정어리를 헹구어서 과한 소금기를 덜어낸다. 마지막으로 통조림 정어리 뼈는 부드러워서 대부분의 개들에게 질식 위험이 없다. 생물 정어리를 조리할 때 뼈가 걱정된다면 포크로 으깨어 뼈를 제거하고 급여한다.

통조림	생물

113g 캔 하나에 $1.50 ~ $3	28g당 최대 $1까지 비쌈
모든 슈퍼마켓	슈퍼마켓이나 수산 시장에 없을 수도 있음
고열 가공으로 인해 비타민과 미네랄 감소 (비타민 B1 75%, 비타민 B2 51%, 비타민 B3 34%, 비타민 B6 50%, 비타민 B12 38% 포함)	열 가공 없음
소금이 첨가될 수 있음	소금 무첨가

독소와 지속 가능성

참치나 황새치처럼 큰 생선은 수은 같은 중금속 독소에 오염된 경우가 많다. 정어리를 비롯한 작고 깨끗한 생선들은 큰 생선과 달리 환경 부담이 축적될 만큼 오래 살지 못한다. 예를 들어, 정어리는 플랑크톤을 먹기 때문에 수은 함량이 가장 낮은 생선이다. 높은 수은 수치는 반려견의 심혈관계와 신경계, 위장관, 신장을 손상시킬 수 있다. 윤리적으로 어획된 생선을 소비하고 (해양관리협회 같은 단체로부터) 지속 가능성 인증을 받은 해산물 기업과 브랜드를 이용하자.

포에버 푸드:
민들레

꽃인지 잡초인지는 보는 사람 나름이다. 우리 생각에 민들레는 지구상에서 가장 위대한 꽃이다! 민들레는 장에 좋은 프리바이오틱스 섬유질뿐 아니라 간을 깨끗하게 하고 혈관을 건강하게 유지하고 염증을 예방하고 당뇨 같은 만성질환을 관리해주는 폴리페놀이 풍부하다. 민들레는 반려동물들의 아픈 상처나 마르고 갈라진 발에 좋은 국부성 치료제이기도 하다.

급여 방법:
말린 뿌리, 잎, 꽃: 체중 4.5kg당 1/4작은술
생 뿌리, 잎, 꽃: 체중 4.5kg당 1/2작은술
하루에 2번 식사와 함께 급여한다.

개들은 들판과 초원을 돌아다녔을 때부터 민들레를 먹었다. 역사학자들은 유럽과 아시아에만 자생하던 민들레*Taraxacum officinale*의 회색 씨앗이 최초 탐험가들의 배를 타고 아메리카로 건너왔다고 추측한다. 정착민들은 이내 민들레를 식재료로 키웠고 약으로 사용하기 시작했다.

개들은 민들레의 효능을 오래전부터 알고 있었다. 노란 꽃을 먹을 때마다 (기억력, 면역력, 세포 건강에 좋은) 레시틴과 (염증을 예방하는) 폴리페놀, (세포를 보호하는) 항산화 물질을 얻었다. 비타민 C와 K, (근육, 신경, 체액의 균형에 중요한) 전해질 칼륨이 풍부한 잎사귀도 즐겼다.

민들레는 담즙 생성을 촉진하고 순환을 증가시켜 간을 보호한다. 뿌리도 환상적인데, 결장암과 위암 세포를 불과 48시간 만에 없앨 수 있다. 그러나 영양의 측면에서 민들레의 가장 중요한 기능은 바로 미생물 군집을 지원하는 역할이다. 개와 고양이의 장에는 A. 뮤시니필라*A. muciniphila*라는 훌륭한 유익균이 있다. 이 유익균은 장의 내벽을 보호해 설사와 과민성 대장 증후군을 예방하고 비만을 퇴치할 수도 있다. 세균은 먹이가 필요한데 민들레에는 A. 뮤니시필라가 좋아하는 프리바이오틱스인 프락토올리고당과 이눌린이 모두 많이 들어 있다.

맛있고 영양도 풍부한 민들레

민들레는 모든 부분을 먹을 수 있다. 민들레가 가득한 봄의 풀밭에 반려견을 풀어놓거나 (살충제나 잔디 약이 뿌려지지 않은 곳이어야 한다) 슈퍼마켓이나 농산물 시장에서 민들레를 구매한다. 세척해서 물기를 제거한 후 기름에 볶아서 줘도 되고 생으로 줘도 되고 반려견이 좋아할 만한 완전하고 균형 잡힌 식사 레시피에 사용해도 된다.

영양학자들에 따르면 민들레는 지구상에서 영양가가 가장 높은 5대 식물에 속한다. 민들레는 시중에서 판매되는 반려동물 사료에 가장 많이 사용되는 3대 채소인 브로콜리, 시금치, 당근보다 비타민 E, K, B1, B6, 콜린, 칼슘, 철분이 풍부하다. 게다가 세계 곳곳에서 자라고 대개 무료로 구할 수 있다.

민들레는 탁월한 국소 치료제: 민들레는 국소적으로 사용할 때 강력한 효과가 있다. (피부를 진정시키는) 피부 연화제이자 (통증을 줄여주는) 진통제, (상처를 치유하는) 외상 치료제이다. 꽃은 반려동물의 건조하고 갈라진 발과 화상 부위, 귀 청소 등에 효과적인 연고 및 오일로 사용할 수 있다. 270쪽에서 민들레로 만드는 오일과 크림 치료제 레시피를 만나보자.

- 카페산: 항산화 & 면역 자극
- 키코르산: 면역 자극 & 항고혈당
- 클로로겐산: 항산화 & 면역 자극
- 크리소에리올: 항암, 항염증, 항균, 항진균, 신경 보호
- 루테올린 7-O-글루코사이드: 항산화
- 모노카페오일주석산: 항산화

잎 ✂

꽃

- α-아미린: 항염증 & 항산화
- β-시토스테롤: 항염증
- 키코르산: 면역자극 & 항고혈당
- 모노카페오일주석산: 항산화
- 퀘르세틴 글리코시드: 항산화
- 세스퀴테르펜 락톤: 항염증 & 항미생물
- 스티그마스테롤: 항종양 효과

뿌리 ✂

- 11β-13-디하이드로락투신: 항염증
- 카페산: 항산화 & 면역 자극
- 키코르산: 면역 자극 & 항고혈당
- 익서린: 항염증 & 항미생물
- 모노카페오일주석산: 항산화
- 타락사스테롤: 항고혈당 & 항염증
- 타락사콜라이드 β-D-글루코사이드: 항염증 & 항미생물 & 저지질혈 성분
- 타락신산 β-D-글루코사이드: 항염증 & 항미생물 성분
- 테트라하이드로리덴틴: 항염증 & 항미생물 성분

꽃

....

- **효능:** 항산화 성분과 항균 성분 풍부. 항염증 작용도 강력하다.
- **수확:** 꽃이 필 때 수확한다

  (솜털로 변해서 씨앗이 나올 때가 아니라).
- **조리와 급여:** 뜨거운 물에 1분간 데쳐 쓴맛을 제거한다.
- **보관:** 꼼꼼하게 세척 후 물기를 제거하고 냉장고에 보관.

  밀폐용기에 넣어 냉동실에서 2 ~ 3개월까지 또는 건조 후

  서늘하고 건조한 곳에서 최대 3개월까지 보관할 수 있다.

잎

....

- **효능:** 비타민과 미네랄이 풍부하고 이뇨 작용을 하며

  소화를 촉진한다.
- **수확:** 꽃이 피기 전 잎을 딴다.

  꽃 핀 후에는 쓴맛이 너무 강할 수 있다.
- **조리와 급여:** 뜨거운 물에 1분간 데쳐 쓴맛을 제거한다.

  생으로 먹어도 된다. 갈아서 토퍼로 사용해도 좋다.
- **보관:** 세척 후 물기를 제거하고 냉동 보관하거나 건조한다.

  밀폐용기에 담아 냉장고에 보관하고 2 ~ 3일 내에 사용한다.

뿌리

....

- **효능:** 위와 간에 좋다. 이뇨 작용도 뛰어나다.
- **수확:** 가을까지 기다렸다가 수확한다.
- **조리와 급여:** 세척해서 차로 끓인다.

  연해질 때까지 데쳐서 통째로(또는 잘게 썰어서) 먹여도 된다.
- **보관:** 세척 후 밀폐용기에 담아 냉동 보관하거나 건조한다.

  3개월 이내에 사용한다.

포에버 푸드:
새싹 채소와 허브

아삭하고 영양가도 높고 장에도 좋은 성분으로 무장한 새싹은 작지만 효과만큼은 거대하다. 허브도 마찬가지다. 반려동물의 식단에 소량만 추가해도 중요한 효능을 기대할 수 있다. 대도시의 비좁은 아파트에 거주해도 얼마든지 새싹과 허브를 기를 수 있다. 물론 비옥한 땅이 있다면 더할 나위 없이 좋다. 새싹과 허브는 효능이 다양하고 맛도 있고 몸을 치유한다.

이 책에는 새싹과 허브가 들어가는 레시피가 많은데, 작지만 효능이 뛰어나서 모든 식사와 간식, 리킹 매트에 자유롭게 사용할 수 있다.

급여 방법: 개는 체중 9kg당 하루에 잘게 썬 새싹 1작은술, 고양이는 1/2작은술.

새싹 채소

새싹 채소는 암과 만성질환을 물리치는 십자화과 채소로 다 자란 것보다 비타민과 미네랄, 섬유질, 피토케미컬이 더 풍부하다. 예를 들어, 브로콜리 새싹은 브로콜리보다 설포라판이 50~100배 많다. 새싹을 틔우면 비타민 A 전구체, B, C, E가 20~9,000% 증가한다. 매일 소량의 새싹을 먹으면 두 달도 안 되어 만성질환의 주요 원인인 염증이 줄어든다.

- 섬유질, 비타민 C, 글루코라파닌, 설포라판 함유
- 암과 싸우고 염증을 줄이며 발암물질, 중금속, 마이야르 반응 부산물(열 가공으로 인한 해로운 부산물), 미코톡신을 해독한다.
- 브로콜리 새싹 1회분을 섭취한 개는 암세포를 억제하는 백혈구를 지원하는 설포라판의 혈중 농도가 증가했다.

- 베타카로틴과 항산화 성분 풍부
- 약간 톡 쏘는 맛이 있어서 입맛이 까다로운 개들은 좋아하지 않을 수도 있다.
- 루콜라는 새싹 채소가 아닌 마이크로그린으로 판매된다(마이크로그린에 대한 자세한 내용은 68쪽 참조).

- 콜린, 엽록소, 아미노산, 폴리페놀 함유
- 장 건강 증진, 염증 감소, 항균 작용
- 바질은 새싹 채소가 아닌 마이크로그린으로 판매된다.

- 엽록소, 비타민 E, 셀레늄, 아연, 망간 함유
- 눈 건강 증진, 노화 관련 질환 감소
- 고소한 맛이라 개들이 좋아한다.

적양배추

- 안토시아닌, 엽산, 비타민 C, E, 아미노산인 L-글루타민 풍부
- 암 예방, 눈 건강 증진, 위장관의 염증 감소
- 반려견이 적양배추에 익숙하지 않다면 익혀서 소량을 주는 것으로 시작한다. 장이 적응할수록 양을 점차 늘리고 덜 익힌다. 완전히 적응했을 때 생으로 주어도 가스 부작용이 없다.

래디시

- 비타민 C, B, 엽산 함유
- 심혈관 건강 촉진, 발암물질로부터 보호
- 약간 톡 쏘는 맛이 있어서 까다로운 개들은 좋아하지 않을 수도 있다.

물냉이

- 항산화 성분 베타카로틴, 제아크산틴, 루테인 함유
- CDC에 따르면 만성질환을 줄여주는 효과가 가장 강력한 "최강의 채소"
- 영양 밀도 100%!
- 물냉이는 새싹 채소가 아닌 마이크로그린으로 판매된다.

땅콩

- 피토케미컬과 항산화 성분 레스베라트롤 풍부 (레드 와인의 무려 100배!)
- 항염증과 항암 작용
- 겉껍질을 벗긴 생 땅콩을 사서 싹을 틔운다. 발아하면 지방 함량이 크게 줄어든다. 훈련용 간식으로 안성맞춤이다.

2장 포에버 푸드

새싹 채소 키우기

준비물

- 원하는 씨앗
- 계량스푼
- 2리터 유리병
- 선택 사항: 소독제(애플 사이다 비니거)
- 면보와 고무줄, 또는 거름망 달린 뚜껑

1. 유리병에 씨앗 1~7큰술을 넣는다
   (1큰술에 새싹 약 1컵 수확).

2. 유리병에 정수된 물을 넣는다.
   물이 씨앗을 완전히 덮고 2.5cm 정도
   올라가야 한다.

3. 선택 사항: 씨앗 소독(애플 사이다 비니거
   1큰술). 소독제를 넣고 10분 후
   정수된 물로 깨끗이 헹군다(7회 정도).

4. 씨앗을 소독했다면 물을 2.5cm 위까지
   다시 채운다.

5. 8시간 또는 밤새 놓아둔다.

6. 거름망 있는 뚜껑으로 물을 따라 버리고
   새로 넣고 흔들어서 씨앗을 헹군다.
   다시 물을 버리고 병을 비스듬히 놓아
   남은 물기를 날린다.

7. 씨앗을 헹구고 물을 빼주는 과정을
   3~5일 동안 하루에 최소 2회
   반복한다.

8. 싹이 트고 2.5cm 정도 자라면
   (보통 3~4일 후) 햇살이 비치는 창가에
   병을 두 시간 정도 놓아둔다.
   새싹이 초록색으로 변한다!

9. 병에 든 새싹을 물로 헹궈서
   씨앗 껍질을 제거하고 물을 따라 버린다.

10. 병째로 냉장고에 보관하고
    5일 이내에 사용한다.

11. 선택 사항: 새싹 채소를 다져서 먹어도
    된다. 이렇게 하면 효소 반응이 일어나
    항암 효과가 있는 설포라판이 더 많이
    생성된다!

새싹 소독: 모든 씨앗류와 땅콩은 곰팡이 오염에 취약해 새싹 채소를 키울 때 곰팡이 독소 미코톡신이 걱정되지 않을 수 없다. 하지만 애플 사이다 비니거로 씨앗을 소독하면 (품질에 영향을 주지 않고) 곰팡이의 증식을 크게 줄이는 효과가 있다.

새싹 채소와 AGE

연구에 따르면 새싹 채소(특히 브로콜리 새싹)의 설포라판은 반려견 가공 사료에서 다량으로 발견되는 중금속과 미코톡신을 제거하는 데 매우 효과적이다. 하지만 새싹 채소의 가장 중대한 효능은 AGE를 제거하는 효과가 그 어떤 식품보다 탁월하다는 것이다.

AGE는 최종당화산물(advanced glycation end product)을 의미한다. 이것은 체내에서 그리고 조리시 높은 온도에서 당이 단백질과 결합할 때(당화 반응) 발생한다. AGE는 크고 제멋대로이며 조직에 축적되어 결국 건강한 신체 기능을 해치는 구조적 변화를 초래한다. AGE 섭취는 만성 염증, 산화 스트레스, 느린 조직 회복, 신장과 심장 및 췌장 손상, 인지 장애의 원인이 된다.

당화 반응은 반려견 사료의 가공 과정에서 많이 일어나고 조리 온도가 높아짐에 따라 음식물에서 생성되는 AGE의 수치도 급격하게 증가한다. 통조림과 건식 사료에 AGE가 가장 많고, 제조 과정에서 가열이 이루어지지 않는 생식에는 가장 적다. 연구에 따르면 개들은 하루에 인간보다 평균 122배나 많은 AGE를 섭취한다.

반려견의 식단에서 AGE를 줄이려면 초가공 사료를 멀리하고 낮은 온도에서(슬로 쿠커/크록팟은 AGE 수치를 낮추는 데 효과적이다) 최대한 단시간에 조리한 가정식을 제공해야 한다. 브로콜리 새싹을 식사에 추가하는 것도 AGE의 해로운 영향을 막는 좋은 방법이다. 새싹 채소의 설포라판은 세포를 AGE로부터 보호하는 효소를 활성화하므로 종류와 상관없이 모든 식사에 조금씩 추가해서 준다.

마이크로그린 vs 새싹
마이크로그린과 새싹 채소는 엄연히 다르므로 혼동하지 않도록 하자. 새싹 채소는 씨앗을 물에 담가 싹을 틔운 것이므로 그대로 놓아두면 본연의 모습으로 완전하게 자란다. 마이크로그린은 첫 잎이 나온 상태의 식물이고 물이 아니라 흙에서 키운다. 새싹 채소는 며칠 안에 싹트지만 마이크로그린은 일주일 이상 걸린다.

허브와 향신료

허브가 치유에 사용된 첫 기록은 기원전 3,000년 이집트와 중국으로 거슬러 올라간다. 하지만 원주민 문화에서는 그 전부터 치유 의식에 사용되었다. 그곳에 개들도 있었다. 개들은 처음 야생 식물을 간식으로 먹었을 때부터 건강을 위해 허브를 먹었다.

반려동물이 어떤 허브와 향신료를 좋아하고 싫어하는지 알아가는 과정은 녀석들의 음식 취향을 파악하는 매우 즐거운 일이다. 시간이 지남에 따라 선호도도 바뀌기 마련임을 기억하자. 또한 사람과 마찬가지로 반려동물도 고수를 싫어하는 경우가 있고 좋아하는 경우가 있다. 허브는 되도록 유기농 제품으로 구매하고 유통기한을 잘 확인한다. 미트볼 또는 리킹 매트에 묻힌 플레인 요거트나 리코타 또는 코티지 치즈에 허브를 "눈곱만큼(한 꼬집 또는 극소량)" 넣어 급여하고 반응을 살펴보자. 새로운 허브를 좋아할 수도 싫어할 수도 있다. 허브를 사용하면 포에버 푸드 레시피의 맛이 업그레이드될 뿐만 아니라 사랑하는 반려동물의 건강도 좋아진다(단, 차이브나 육두구는 먹이지 않는다 — 아래 참고).

급여 방법: 말린 허브는 체중 4.5kg당 1일 1회 한 꼬집,
생 허브는 체중 9kg당 1일 1/4작은술을 사용한다.

섞으면 더 좋다: 여러 가지 허브를 섞으면 장에 좋다. 여러 가지 섞은 허브와 향신료 1작은술 내외를 섭취하면 특히 대장의 소화를 돕는 "유익균" 루미노코카시에*Ruminococcaceae*를 비롯해 장내 세균 다양성이 증가한다.

피해야 할 허브

- **차이브:** 일반적인 생각과 달리 양파과 식물이 아니라 양파과와 가까울 뿐이다. 하지만 차이브에는 리크leek나 양파와 마찬가지로 적혈구를 분해해 빈혈을 유발할 수 있는 n-프로필 디설파이드가 들어 있다.
- **육두구:** 육두구에는 위장 문제를 일으키는 미리스티신이라는 화합물이 들어 있다.

허브 얼리기: 허브가 너무 많은데 말릴 시간이 없다면? 냉동 보관하자.

· 굵은 줄기를 제거한다.
· 종이 포일에 잎을 평평하게 놓고 얼린 다음 실리콘 보관 용기에 옮겨 담는다.
  냉동실에 최대 1년까지 보관할 수 있다.

또는

· 굵은 줄기를 제거한다.
· 칼로 곱게 다진다. 양이 많으면 푸드 프로세서를 이용한다.
· 잘게 썬 허브를 얼음 틀에 담는다. 올리브유, 블랙커민씨드 오일, 정수된 물 또는 육수를 함께
  넣어서 얼리면 더 편리하게 사용할 수 있다.

허브는 약초

이 책에서 소개하는 많은 레시피가 그러하듯 허브가
들어가는 요리도 좋지만, 모든 식사에 허브를 조금씩
뿌려도 건강을 챙길 수 있다.

참고: 허브의 에센셜 오일 추출물은 훨씬 강력하므
로 생 허브나 말린 허브 대신 사용하지 않는다.

컬리 파슬리

- 유방암의 증식을 늦추는 항산화제 미리세틴이 함유되어 있다.
- 역시나 유방암 세포의 성장을 억제하는 아피제닌이라는
  플라보노이드가 들어 있다.
- 뼈와 혈액 건강에 필수적인 비타민 K가 특히 풍부하다.
- 사료에 든 곰팡이 부산물인 아플라톡신의 발암 효과를 감소시키는
  폴리아세틸렌이 함유되어 있다.

강황

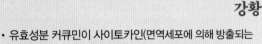

- 유효성분 커큐민이 사이토카인(면역세포에 의해 방출되는
  물질)의 방출을 억제해 암 줄기세포를 죽이고 반려견의
  관절염에 항염증 작용을 한다.
- 항산화 성분이 있어서 활성산소의 작용을 차단한다.
- 뇌 질환 위험을 줄이는 단백질 BDNF의 수치를
  증가시킨다.

로즈메리

- 활성산소로부터 뇌를 보호하는 카르노스산이라는 폴리페놀을 함유하고 있다.
- 암을 일으키는 신호 분자를 억제하는 폴리페놀인 로스마린산이 들어 있다.
- 개의 글루타치온 수치를 증가시키고 췌장 기능을 돕는다.

고수

- 혈압을 조절하는 나트륨의 배출을 돕는다.
- 효소 활성을 촉진하여 혈당 조절에 도움을 준다.
- 체내의 수은과 납을 배출한다.

커민

- 아밀라아제, 프로테아제, 리파아제, 피타아제 같은
  효소의 활성을 증가시켜 소화를 촉진한다.
- 그람 양성균과 그람 음성균, 효모에 항균 작용을 한다.
- 인슐린 수치를 감소시켜 당뇨 조절을 돕는다.

시나몬

- AGE 형성을 억제한다.
- 콜라겐을 만들고 관절에 이로운 신남알데히드(시나몬 특유의 향과 냄새를 내는 성분)라는
  화합물이 함유되어 있다.
- 산화 스트레스를 감소시켜 심혈관계를 보호하는 항산화 성분이 들어 있다.
- 치매를 비롯한 반려견의 신경퇴행성 질환을 예방하는 폴리페놀이 함유되어 있다.

정향(통째로 말고 갈아서 먹임)

- AGE 형성을 억제한다.
- 관절과 인대에 이로운 망간이 풍부하다.
- 사이토카인의 염증 작용을 억제하는
  생리활성물질 유제놀이 함유되어 있다.
- 유제놀은 간경변을 일으키는 세포의 생성을
  억제해 간 기능을 개선하는 효과도 있다.

바질

- 혈관을 이완하고 혈압을 낮추고 혈당 수치를 조절하는
  유제놀이 함유되어 있다.
- 바질에 함유된 화합물 유제놀, 시트로넬롤, 리날롤은
  사이토카인과 유전자 발현을 억제해 염증을 예방한다.

오레가노

- 지방산의 산화를 억제해
  세포 손상을 방지하는
  강력한 항산화 성분인
  티몰과 카바콜이 들어 있다.
- 감염을 일으키는 23종의
  세균에 항균 작용을
  하는 것으로 밝혀졌다.

타임

- 개의 뼈암 세포 사멸을 유도하는
  바이칼레인이 들어 있다.
- 병원체의 세포막을 분해해
  항미생물 작용을 하는
  티몰이라는 페놀 성분이 있다.

생강

- 생강을 섭취하면 근육통과 관련된 염증이 완화된다.
- 대장암을 일으킬 수 있는 염증성 분자(에이코사노이드)의 수치를 줄여준다.
- 메스꺼움을 줄이는 오일과 페놀 화합물이 들어 있다.

3장
간식과 토퍼

보통 반려동물 간식은 열량만 높고 영양소는 없는 음식, 고탄수화물 군것질, 건강에 해로운 첨가물이라는 인식이 강하다. 대부분의 포유 동물들은 간식을 좋아하지만 개와 고양이는 정크 푸드가 필요하지 않다. 그러니 지금까지 반려동물에게 먹인 영양가 없는 부스러기나 사료, 간식이 차지했던 전체 칼로리의 10%를 영양가 풍부한 간식과 토퍼(CLT)로 바꾸자.

간식에는 목적이 있을 수도 있으므로(뭔가를 잘했을 때 칭찬하거나 훈련시 바람직한 행동을 강화하기 위한 보상) 이런 식으로 계속 사용한다. 외로워하거나 지루해서 또는 귀여워서 아니면 계속 주방에 얼쩡거린다는 이유로 간식을 줘선 안 된다. 혈당이 치솟지 않도록 크기가 작아야 하고(완두콩이나 블루베리만 한 크기가 적당) 반려견이 어떤 간식에 반응하는지 눈여겨본다. 당근 맛을 좋아하면 우선 당근을 간식과 토퍼로 사용한다. 닭 염통을 마음에 들어 한다면 당분간 계속 준다! 그다음에 반려견이 좋아할 만한 비슷하지만 새로운 간식으로 넓혀 나간다. 이렇게 건강한 간식으로 바꾸고 새로운 음식을 계속 시도한다. 지난달에 거부했던 간식도 다시 줘본다.

새로운 음식을 통한 행동 풍부화:
매일 같은 음식을 먹는 반려동물은 새로운 맛과 질감을 경험할 기회를 얻지 못한다. 매일 시리얼을 먹다가 맛있는 냄새가 나는 따뜻한 홈메이드 스튜를 먹는다고 생각해보자. 새로운 음식을 시도하면 동물의 감각 경험을 풍부화할 수 있다.
다양한 음식을 다양한 방법으로 제공하면 풍부화 효과가 더 커진다. 예를 들어, 맛과 질감, 또는 온도에 변화를 준 익숙하거나 새로운 음식을 빈 달걀 상자에 칸칸이 넣어서 주면 풍부한 감각 경험이 이루어진다.

육포와 건조 간식

건조 간식은 채소로 만들든 고기로 만들든 감칠맛이 좋고 영양이 농축되어 있다. 육포는 훈련용 간식이나 보상, 빠르고 간단한 영양 보충제로 활용할 수 있다. 적은 양을 만들고 싶을 수도 있고 많은 양을 원할 수도 있으므로 여기에서 재료의 분량을 명시하지는 않는다. 모든 육포와 말린 고기 및 채소는 밀폐용기에 담아 냉장실에서 한 달, 냉동실에서 3개월까지 보관할 수 있다. 해동해서 급여한다.

내장육에 대하여: 고대로부터 내장육은 개들의 강력한 단백질 공급원이었다. 스톤헨지에서 불과 몇 킬로미터 떨어진 곳에서 발견된 4,500년 전의 분변 화석은 개들이 인간이 준 날 것이나 덜 익힌 내장육을 자주 먹었다는 사실을 알려준다. 비타민과 미네랄, 지방산이 풍부한 내장육을 먹는 개들은 성인기에 피부 알레르기 비율이 현저히 낮다.

내장육 간식을 하루에 얼마나 먹여야 하는지는 "발톱의 법칙"으로 알 수 있다. 발톱 하나의 크기(폭, 길이, 깊이)가 간식/토퍼 또는 첨가물로 직딩한 내장육의 크기다.

다음과 같이 다양한 내장육을 급여해 다양한 미네랄을 섭취할 수 있도록 하자.

- **간:** 자연의 가장 풍부한 구리 공급원이며, 철분과 비타민 A, D, E, K도 들어 있다. 간이 반려동물에게 독성이 있다고 생각하는 사람들도 있지만 이는 사실이 아니다. 간은 독소를 저장하기보다는 걸러내고 영양소를 저장한다! 만약 간과 구리 보충제가 함께 든 사료를 급여한다면 간을 추가로 먹이는 것은 최소화하고 다른 내장육을 토퍼로 선택한다.
- **염통(심장):** 훌륭한 타우린 공급원이지만 타우린은 열에 의해 손실되므로 생으로 또는 서서히 익히거나 건조된 것을 먹인다. 염통에는 철분, 셀레늄, 아연, 비타민 B가 풍부하며 CoQ10이 가장 많이 함유된 식품 중 하나다.
- **신장:** 단백질, 엽산, 오메가-3 지방산이 풍부하고 히스타민을 분해하는 디아민 산화효소(DAO)도 많아서 반려동물의 알레르기에 탁월하다. 소의 신장과 염통에는 알파 리포산(ALA)이 그 어떤 음식보다 많이 들어 있다!
- **양(위):** 프로바이오틱스, 프리바이오틱스 미네랄(망간, 철분, 칼륨, 아연, 구리, 셀레늄 등)이 풍부하다. 슈퍼마켓의 육류 코너에 있다. 통조림이나 건조 제품은 영양가가 별로 없으므로 슈퍼마켓의 특수 부위 코너나 정육점에서 냉장 제품으로 구매한다.
- **뇌:** 생선보다 DHA가 풍부하다! 치명적인 신경 질환인 프라이온병을 유발할 수 있으므로 소와 사슴의 생 뇌는 피한다.

육포

육류 재료:

- 소고기 살코기(등심 등), 소 간, 양 등심,
  돼지 살코기, 토끼 등심, 칠면조 가슴살,
  뼈 없는 닭 가슴살

토핑 재료:

- 생 허브 또는 말린 허브(생강, 강황, 로즈메리,
  커민, 바질 등)
- 참깨 한 꼬집
- 치아씨드 또는 아마씨
- 코코넛 오일 1큰술
- 파인애플 주스 또는 생 꿀
- 강황가루 1작은술
- "코코넛 아미노스 간장"(코코넛 유래 제품으로
  간장 대신 사용) 또는 아몬드 버터
- 선택 사항(토핑): 이 레시피대로 해도 좋고
  원하는 것을 시도해도 좋다.

오븐 사용 조리법:

1. 오븐을 77℃(170℉)로 예열한다.
2. 덩어리 고기를 사용하는 경우에는
   썰기 쉽도록 살짝 냉동한다(약 15 ~ 20분).
3. 눈에 띄는 지방을 제거한다.
   3 ~ 6mm 두께로 균일하게 자른다
   (참고: 두꺼우면 건조가 더 오래 걸린다).
4. 선택 사항: 허브나 씨앗을 뿌리고 오일, 주스,
   꿀, 강황, 아몬드 버터 또는
   코코넛 아미노스 간장을 발라 윤기를 낸다.
5. 고기 조각을 기름칠한 식힘망에
   2.5cm 간격으로 펼쳐 놓는다.
6. 떨어지는 기름을 받치기 위해
   식힘망을 베이킹 시트에 놓는다.
7. 오븐에 넣고 문틈에 나무 숟가락을 끼워서
   문을 열어둔다.

골든 페이스트 육포 — 강황가루 / 코코넛 오일 / 파슬리

데리야키 육포 — 코코넛 아미노스 간장 / 파인애플 주스 / 참깨

꿀아몬드 육포 — 아몬드 버터 / 꿀 / 치아씨드 또는 아마씨

8. 5시간 동안 또는 고기가 바삭하고
   잘 부서질 때까지 익힌다.
   중간에 한 번 뒤집어준다.

**참고: 바삭할 때까지 완전하게 익히지 않으면
금방 상할 위험이 있다.**

건조기 사용 조리법:

1. 같은 방법으로 준비한다(고기를 썰어서
   허브를 뿌리고 윤기 냄).
2. 살짝 기름칠한 식힘망에 고기 조각을
   2.5cm 간격으로 펼쳐 놓는다.
3. 71℃(160℉)에서 6 ~ 12시간 또는 고기가
   바삭하고 쉽게 부서질 때까지 익힌다.

건조기 사용시에는 인내심 필요: 건조 시간은 집 안의 습도에 따라 달라질 수 있다. 습도가 음식물이 건조되는 정도에 영향을 미치므로 필요에 따라 온도와 시간을 조절하자.

다진 고기 육포

재료:

- 살코기 다짐육 227g(토끼 고기, 칠면조,
  닭고기, 소고기, 들소 또는 각종 가수분해 단백질)
- 젤라틴가루 3큰술
- 선택 사항(토핑): 원하는 허브

조리법:

1. 오븐을 93℃(200℉)로 예열한다.
2. 중간 크기의 볼에 재료를 넣고 잘 섞는다.
3. 베이킹 시트에 종이 포일을 깔고 고기를 얇게
   편다. 종이가 비칠 정도로 얇아서는 안 된다.
4. 1시간 동안 굽는다.
5. 베이킹 시트를 꺼내고 오븐을 끈다.
6. 새로운 종이 포일로 육포를 덮고
   베이킹 시트를 뒤집어서 육포를 옮긴다.
7. 육포를 (꺼진) 오븐에 다시 넣는다.
   안정감을 위해 베이킹 시트에 올려 놓아도
   된다.
8. 오븐에 넣은 상태로 3시간 동안 수분을
   날리고 식힌다.
9. 한입 크기로 자른다.
10. 좀 더 바삭한 육포를 원한다면 71℃(160℉)
    에서 2시간 동안 더 굽는다.

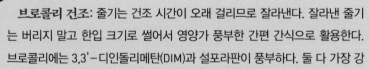

브로콜리 건조: 줄기는 건조 시간이 오래 걸리므로 잘라낸다. 잘라낸 줄기는 버리지 말고 한입 크기로 썰어서 영양가 풍부한 간편 간식으로 활용한다. 브로콜리에는 3,3'-디인돌리메탄(DIM)과 설포라판이 풍부하다. 둘 다 가장 강력한 해독 능력을 지닌 산화 방지제인 글루타치온의 생산을 활성화하는 초분자다. 브로콜리의 줄기에는 꽃보다 설포라판이 두 배나 많이 들어 있다(참고: 설포라판은 너무 빠르게 분해되므로 보충제로 섭취할 수 없다. 브로콜리로 섭취하는 것이 좋다). DIM은 호르몬의 균형을 바로잡고 항암 작용을 하고 에스트로겐을 모방하는 위험한 환경화학물질인 제노에스트로겐을 몸에서 제거한다.
브로콜리는 절대로 전자레인지에 돌리지 않는다. 단 5분만 돌려도 플라보노이드(항산화 성분)가 무려 97%나 줄어든다.

과일과 채소 말랭이

남은 과일과 채소를 상하기 전에 건조하면 활용하기 좋다. 바나나부터 블루베리, 브로콜리까지 무엇이든 건조할 수 있다. 반려동물이 좋아하는 재료나 식단의 목표와 필요에 맞는 것이라면 뭐든지 건조하면 된다(특히 바나나칩을 추천한다. 최고의 훈련용 간식일 뿐만 아니라 위가 예민한 개들에게 좋다). 이빨이 없는 노견일 경우에는 더 작은 크기로 말랑하게 건조한다. 다이어트하는 개는 작고 바삭바삭한 것이 좋고, 강아지들은 (항상 훈련 모드이므로) 아주 작은 보상이 필요하다. 과일 및 채소 말랭이에도 허브를 자유롭게 사용한다. 건조하기 전에 마누카 꿀이나 블랙커민씨드 오일을 발라주고 허브를 살짝 뿌린다.

과일이나 채소의 종류와 수분을 머금은 정도에 따라 레시피를 약간 바꿔야 할 수도 있다. 바나나 같은 재료는 시간이 걸리는 반면, 사과는 빠르게 건조된다. 또한 과일이나 채소를 얇게 썰수록 빠르게 말랭이가 만들어진다.

오븐 사용 조리법:

1. 오븐을 77°C(170°F)로 예열한다 (또는 가장 낮은 온도).

2. 재료를 6mm(1/4 인치) 두께 또는 한입 크기로 자른다.

3. 피망과 버섯을 제외한 채소는 먼저 데쳐준다. 냄비에 정수된 물을 넣고 끓인다. 볼이나 다른 냄비에 얼음물을 준비한다. 끓는 물에 3분간 데친 후 얼음물에 넣는다. 물기를 제거한다.

4. 기름칠한 베이킹 시트나 실리콘 베이킹 매트, 또는 종이 포일을 깐 베이킹 시트에 2.5cm 간격으로 펼쳐 놓는다.

5. 오븐에 넣고 문틈에 나무 숟가락을 끼워서 문을 열어둔다.

6. 원하는 정도로 건조될 때까지 약 2 ~ 2.5시간 동안 굽는다.

건조기 사용 조리법:

1. 재료를 6mm 두께 또는 원하는 훈련용 간식 크기로 자른다(피망과 버섯을 제외한 채소는 데친 후 위의 방법으로 자른다).

2. 57°C(135°F)에서 12 ~ 20시간 동안, 또는 바삭바삭해질 때까지 건조한다.

마누카 꿀 바른
닭고기 육포

마누카 꿀을 발라 아주 살짝 단맛을 낸
간식으로 맛있고 장 건강에도 좋다.

재료:

- 코코넛 오일 1큰술
- 잘게 썰거나 강판이나 푸드 프로세서로 간
  아무 허브나 향신료 1작은술
  (여기서는 시나몬, 로즈메리 사용)
- 생 꿀 또는 마누카 꿀 1큰술
- 납작하게 두드려 길게 또는 한입 크기로 썬
  닭 가슴살 한 덩이
- 참깨나 기타 씨앗류
  (헴프씨드, 치아씨드, 블랙커민씨드)

조리법:

1. 오븐을 121℃(250℉)로 예열한다. 코코넛
   오일 1큰술을 베이킹 시트에 칠한다.
2. 작은 볼에 허브와 꿀을 섞는다.
3. 실리콘 브러시나 스푼을 이용해 2를
   닭고기에 발라준다.
4. 접시에 닭고기를 한 겹으로 놓고
   씨앗류를 뿌린다.
5. 닭이 완전히 익어 전체가 불투명한
   흰색으로 변할 때까지 약 45분간 굽는다.

건강에 좋은 꿀: 마누카 꿀은 오스트레일리아와 뉴질랜드에서 자생하는 흔히 티트리 식물
로 알려진 호주매화*Leptospermum scoparium*에서 채취된 꿀이다. 일반적인 생 꿀보다 항균성이
매우 강해서 화상, 상처, 항생제 내성 피부 감염 부위에 바르면 치유를 촉진한다. 위장 염증
치료를 위해 경구로 복용하기도 하며 과민성대장증후군에도 효과적일 수 있다.

피부와 장 건강

한 입 간식

거의 모든 음식이 한입 크기의 간식이 될 수 있지만 이 레시피들은 반려동물이 칼로리의 10%를 더 건강하고 풍부하고 특별하게 사용하게 해준다. 모두 밀폐용기에 넣어 냉장실에서 3일 또는 냉동실에서 3개월까지 보관할 수 있다. 해동해서 급여한다.

3장 간식과 토핑

알약 포켓

반려동물용 알약 포켓을 사기 전에 다시 한번 생각해보자. 시중에서 파는 알약 포켓에는 밀 글루텐, 밀가루, 옥수수 시럽, 식물성 오일 등 반려동물에게 필요하지 않은 인위적인 성분이 가득 들어 있다. 반려동물이 알약을 잘 먹지 않으려고 할 때 콜린이 풍부한 이 간식을 이용해보자!

재료:

작은 크기 9알, 큰 크기 4알 분량

• 달걀 1개
• 젤라틴 1작은술

조리법:

1. (전자레인지가 아닌) 오븐을 사용하는 경우 121℃(250℉)로 예열한다.
2. 달걀을 깨뜨려 젤라틴을 넣고 잘 휘저어준다.
3. 지름 5cm 또는 더 작은 실리콘 몰드나 실리콘 얼음 틀에 2를 붓는다.
4. 오븐에 넣고 20 ~ 25분간 굽는다.
5. 전자레인지를 사용할 경우, 고온으로 10초간 돌리고 꺼내서 15 ~ 20초 동안 식힌다. 달걀 반죽이 틀에서 떨어질 때까지 다시 전자레인지에 돌린다.
6. 식힌 다음 틀에서 꺼낸다.

프로의 알약 먹이기: 알약이 들어 있지 않은 작은 크기의 두 번째 간식도 준비한다(평소 반려동물이 가장 좋아하는 간식이면 좋다). 약이 든 간식을 주자마자 곧바로 두 번째 맛있는 간식을 제시함으로써 약을 곧장 삼키도록 유도한다.
고양이(또는 개)가 많이 까다롭다면? 크림치즈, 리코타치즈, 무가당 애플소스, 플레인 그릭 요거트, 미트볼, 아몬드 버터, 또는 생 모짜렐라 치즈도 약이나 보충제를 숨기기에 좋다.

감쪽같은 알약 포켓

2 ~ 3가지 재료로 쉽게 만들 수 있고 쓴 알약을 숨기기에도 안성맞춤이다.

재료:

크기에 따라 알약 포켓 8 ~ 12개 분량

비프 앤 치즈 포켓

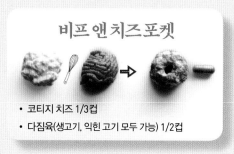

- 코티지 치즈 1/3컵
- 다짐육(생고기, 익힌 고기 모두 가능) 1/2컵

호박 포켓

- 젤라틴 4작은술
- 데운 100% 호박 퓌레(시판 제품 또는 직접 만든 것) 1/2컵

아몬드 포켓

- 아몬드 밀(껍질째 간 아몬드) 또는 아몬드가루
- 생 아몬드 버터 1/3컵

크림치즈 포켓

- 육수 2큰술   · 크림치즈 1/4컵
- 코코넛가루 또는 아몬드가루 1 ~ 2작은술

조리법:

1. 작은 볼에 모든 재료를 섞는다(가열이 필요한 레시피의 경우에는 미지근하게 식혀준다)
2. 1 ~ 2.5cm 또는 원하는 크기로 동그랗게 뭉친다. 고기나 가루가 들어가는 경우에는 반죽이 붙지 않도록 손에 물을 묻히고 빚는다.
3. 호박 포켓은 반죽을 냉장고에 넣어두었다가 뭉친다.
4. 뭉친 볼에 빨대를 꽂아 약이 들어갈 구멍, 즉 "포켓"을 만든다.
   약을 먹이기 전에 구멍에 알약/캡슐을 꽂고 잘 고정해서 먹이면 된다.

참고: 냉동 보관한 알약 포켓은 해동 후에 알약이나 가루를 넣는다.

아보카도 데빌드 에그

아보카도는 비타민 C와 E, 엽산, 섬유질, 뇌 기능에 좋은 건강한 지방, 심장 기능에 좋은 피토스테롤을 비롯해 비타민과 미네랄이 풍부하고 단위 무게당 칼륨이 바나나보다 더 많이 들어 있다. 지방을 분해하는 효소 리파아제도 있다. 반려견이 슈나우저, 콜리, 셰틀랜드 쉽독처럼 콜레스테롤과 중성지방 수치가 높아지기 쉬운 종인가? 아보카도를 먹이면 중성지방 수치를 낮추는 데 도움이 된다.

재료:
- 껍질 벗긴 완숙 달걀 2개
- 잘 익은 아보카도 1/2개
- 선택 사항: 브로콜리 새싹
- 선택 사항: DIY 비타민/미네랄 그린 파우더(127쪽 참조)

조리법:
1. 달걀을 반으로 자르고 작은 볼에 노른자를 넣는다.
2. 볼에 아보카도를 넣는다.
3. 으깨서 잘 섞어준다.
4. 선택 사항: 브로콜리 새싹을 반죽에 섞거나 마지막에 장식으로 올려준다.
5. 선택 사항: DIY 비타민/미네랄 그린 파우더를 한 꼬집 뿌린다.
6. 아보카도/노른자 반죽을 숟가락으로 떠서 달걀 흰자에 채운다.

디톡스 딜라이트

이 맛있는 미트볼은 익히거나 생으로 줄 수 있고 리킹 매트에 발라 줄 수도 있으며 부셔서 토퍼로 활용할 수도 있다.

재료:

크기에 따라 18~30개 분량

- 소고기 다짐육 454g
- 다진 고수 1/2컵

  (또는 캡슐을 제거한 밀크씨슬 파우더 약 500mg)
- 약을 치지 않은 민들레잎 1/4컵

  (또는 캡슐을 제거한 민들레 파우더 약 500mg)
- 약용 또는 일반 버섯 1/2컵
- 선택 사항: 새싹 채소(아무거나) 1/4컵

참고: 파우더가 아닌 생 민들레를 사용할 때는 미트볼이 잘 뭉쳐지도록 최대 3/4컵만 사용한다.

조리법:

1. 오븐을 121℃(250℉)로 예열한다.
2. 중간 크기의 볼에 재료를 전부 넣고 섞는다.
3. 리킹 매트에 사용하거나 토퍼로 쓸 경우에는 2번 상태로 급여한다.
4. 오븐에 굽는 경우에는 구슬 크기로 뭉쳐서 기름을 칠하지 않은 베이킹 시트나 실리콘 베이킹 매트 또는 종이 포일에 놓는다.
5. 지름 1cm 크기는 15분간, 더 큰 경우에는 약 25분 동안 완전히 익힌다.

곰팡이를 무찌르는 고수: 시판 개 사료에는 곡물을 오염시키는 곰팡이 독소 미코톡신이 넘쳐난다 (한 연구에서는 12개 제품 중 9개 제품에서 발견되었다). 미코톡신은 장기 질환, 면역 억제, 암 등을 유발할 수 있다. 피하는 것이 가장 좋지만 너무 늦을 때도 많다. 고수가 도움이 될 수 있다. 특유의 향을 가진 이 허브에는 미코톡신의 해독을 돕는 유기 화합물 폴리아세틸렌이 들어 있다. 또한 고수는 (시판 개 사료에 가득한) 중금속을 몸 밖으로 배출하는 킬레이트 작용을 한다. 평균적으로 45일 만에 납 87%, 수은 91%, 알루미늄 74%를 제거할 수 있다.

면역력 강화 퓌레

이 레시피는 코코넛 오일, 팜유, 또는 특정 유제품에서 추출한 "좋은 지방"인 중쇄중성지방산 (medium-chain triglyceride, MCT)을 사용한다. MCT 오일은 항미생물 작용을 하고 에너지를 높여 주고 뇌의 오메가-3 수치를 증가시키고 뇌전증이 있는 개의 발작, 행동, 인지 기능을 개선할 수 있다. 식사용 토퍼나 리킹 매트용으로도 좋고 얼음 틀이나 미니 머핀 틀에 얼려도 된다. 어떤 상태로 제공해도 되지만 까다로운 고양이들은 따뜻한 상태를 선호한다.

재료:

약 1컵 분량

- 작게 자른 약용 버섯(아무거나) 3컵
- MCT 오일 2큰술
- 브로콜리 새싹 1/2컵
- 선택 사항: 히말라야 소금 한 꼬집

조리법:

1. 잘게 썬 버섯을 약불에서 MCT 오일에 볶는다. 크기가 약간 줄어들 때까지 (총 1컵 정도가 나올 때까지) 볶으면 된다.
2. 오일에 볶은 버섯을 갈아서 퓌레 상태로 만든다. 새싹 채소와 소금(선택 사항)을 함께 넣고 부드럽게 갈아준다.
3. 얼음 틀이나 미니 머핀 틀에 넣어서 얼린다.
4. 해동해서 먹인다(원한다면 따뜻한 상태로).

급여 방법:

얼음 틀은 대부분 28g이어서 반려견의 하루 분량으로 알맞은 크기다. 소형견이나 소형묘는 1일 14g, 중형견 ~ 대형견은 56g, 초대형견은 85g으로 시작한다.

저지방 칠면조 바이트

칠면조 고기는 저지방 식품이라 위가 민감한 반려동물도 편하게 받아들일 수 있고 발효 식품(코티지 치즈)도 위장관 문제에 도움을 준다. 버섯이나 허브를 넣으면 영양과 풍미가 더 좋아진다.

재료:

일반 머핀 6개 또는 미니 머핀 12개 분량

- 칠면조 다짐육 227g(살코기 함량 99%)
- 호박 퓌레 1/4컵(통조림 또는 직접 익힌 것)
- 코티지 치즈 1/4컵 또는 무가당 애플소스
  (레시피 122쪽)

조리법:

1. 오븐을 93℃(200℉)로 예열한다.
2. 중간 크기의 볼에 모든 재료를 넣고 섞는다.
3. 2를 머핀 틀에 넣는다. 1/3 정도 채운다.
4. 완전히 익어서 단단해질 때까지
   약 35분간 굽는다.
5. 15분간 식힌 후 틀에서 꺼낸다.

마이크로바이옴 쿠키

변비에 자주 걸리는 반려동물에게 좋은 섬유질이 풍부한 간식이다.

재료:

크기에 따라 8~12개 분량

- 차전자피가루 1/2컵
- 케피르 또는 플레인 요거트 1/2컵
- 닭 간 1컵(갈아서)
- 젤라틴가루 1큰술

조리법:

1. 오븐을 121℃(250℉)로 예열한다.
2. 중간 크기의 볼에 모든 재료를 넣고 잘 섞는다.
3. 티스푼으로 떠서 기름칠한 베이킹 시트나 실리콘 베이킹 매트, 종이 포일에 놓는다.
4. 모양이 잘 잡히도록 약 15분간 굽는다.

질경이의 대단한 효능: 차전자피라고 불리는 질경이 씨앗의 껍질에는 유익한 식이섬유가 풍부해 약으로 쓰인다. 차전자피가루는 토퍼로 또는 리킹 매트에 사용할 수 있고, 홈메이드 식사나 이 맛있는 쿠키처럼 직접 구운 빵이나 쿠키에 슬쩍 추가해도 된다. 차전자피는 변비에도 효과적이지만 개들의 대장염 증상 지속 시간을 항생제보다 3.5일 더 단축시키는 것으로도 밝혀졌다.

고기 없는 미트볼

반려동물이 장 누수(장내 세균 불균형)와 식이 민감증을 보이면 음식 알레르기가 생길 수 있다. 이때 수의사들은 잠재적인 알레르기성 단백질 공급원의 급여를 중단하라고 권한다. 이 간식은 육류를 섭취하면 안 되거나 저단백질 식단이 필요한 경우에 특히 안성맞춤이다.

재료:

크기에 따라 10~15개 분량

- 밀가루 외의 가루 1컵
  (추천 가루는 101쪽 참고.
  코코넛가루를 사용할 경우 1/3컵으로 줄인다)
- 올리브 오일 2큰술
- 젤라틴가루 1큰술
- 으깬 바나나 1개

조리법:

1. 오븐을 121℃(250℉)로 예열한다.
2. 중간 크기의 볼에 모든 재료를 넣고
   잘 섞는다.
3. 1cm 크기의 볼로 뭉쳐서
   기름칠한 베이킹 시트나
   실리콘 베이킹 매트, 종이 포일에 놓는다.
4. 매트나 종이 호일, 베이킹 시트에서
   쉽게 떨어질 때까지 약 40분 동안 굽는다.

돼지감자칩

예루살렘 아티초크 또는 선초크라고도 불리는 돼지감자는 이눌린이 풍부한 훌륭한 덩이뿌리 식품이다. 돼지감자칩은 미생물 군집에 좋은 바삭한 간식으로 고소한 견과류 맛이 나고 달짝지근해서 반려동물들이 대부분 좋아한다.

재료:
• 3mm 두께로 썬 돼지감자(원하는 만큼)

조리법:

1. 오븐을 121℃(250℉)로 예열한다.
2. 얇게 썬 돼지감자를 기름칠한 베이킹 시트나 실리콘 베이킹 매트, 종이 포일에 놓는다.
3. 30분 동안 굽는다. 오븐에서 꺼내 뒤집어주고 30분 더 굽는다.
4. 바삭바삭한 황금색이 되었을 때 꺼낸다.

미생물 섭취: 건강한 토양은 장 건강에 아주 중요하다. 돼지감자 같은 뿌리채소를 먹이는 것은 반려동물에게 필요한 유익한 미생물을 먹이는 아주 좋은 방법이다. 토양과 장의 미생물 군집은 거의 똑같지만 독성이 있는 음식과 약, 건강에 해로운 환경이 포유류의 미생물 군집 다양성을 크게 해치고 있다. 흙의 미생물은 뿌리채소를 세척한 후에도 살아 있으므로 반려동물에게 유기농 뿌리채소를 먹이면 미생물 군집이 다양하고 풍부해질 수 있다. 유전병리학 교수이자 킹스 칼리지 런던의 TwinsUK 소장인 팀 스펙터Tim Spector는 개의 미생물 군집 건강을 위해 한 가지 식품을 추천해 달라는 요청에 망설임 없이 "돼지감자요!"라고 답했다.

축하 케이크

축하할 일이 있을 때 좋은 안전하고도 맛있는 특별 간식이다. 고구마를 채수에 삶으면 영양가가 더 올라간다.

재료:

- 소고기 다짐육 227g
- 달걀 1개
- 오트밀 1/2컵(스틸컷 유기농 발아 귀리)
- 슈레드 치즈 1/4컵
- 큰 고구마 1개 또는 작은 고구마 2개
- 장식용 블루베리, 딸기 또는 완두콩

케이크 시트 조리법:

1. 오븐을 104℃(220℉)로 예열한다.
2. 중간 크기의 볼에 소고기, 달걀, 오트밀, 치즈를 넣고 잘 섞는다.
3. 반죽을 미니 케이크 틀 2개에 넣거나 지름 15cm 크기의 패티로 만들어서 기름칠하지 않은 베이킹 시트나 실리콘 베이킹 매트, 종이 포일에 놓는다.
4. 잘 익을 때까지 약 2.5시간 굽는다.
5. 패티로 만든 경우에는 오븐에서 꺼내자마자 납작하게 눌러준다. 잘 식힌다.

프로스팅 조리법:

1. 케이크 시트가 구워지는 동안 프로스팅을 만든다.
2. 고구마는 껍질을 벗기고 2.5cm 크기로 깍둑썰기한다.
3. 냄비에 고구마를 넣고 정수된 물이나 육수를 잠기도록 붓는다.
4. 센 불로 끓이다가 끓으면 중불 또는 약불로 줄여서 서서히 익힌다.
5. 물을 버린다.
6. 손이나 믹서로 고구마를 으깬다. 남겨둔 물 1큰술을 넣어 잘 펴지는 농도로 만든다.
7. 첫 번째 케이크 시트 위에 으깬 고구마를 충분히 펴 바르고 그 위에 두 번째 케이크 시트를 올린다. 남은 고구마로 윗면과 옆면을 잘 발라준다.
8. 블루베리와 자른 딸기, 완두콩으로 케이크를 장식한다.

색깔도 예쁘고 영양가 있고 맛도 좋은 고구마: 노란 고구마는 강력한 항산화 성분인 베타카로틴이 풍부하다. 연구에 따르면 베타카로틴은 나이가 들면서 면역 기능이 약해지는 개들의 면역 반응 회복에 도움이 된다. 자색 고구마는 암과 인지 기능 저하를 예방하는 항염증 성분인 안토시아닌이 풍부하다.

그린 바나나 비스코티

탄수화물이 들어가지 않은 고소하고 맛있는 비스코티.

재료:

12~15개 분량
• 껍질 벗긴 초록 바나나 2개
• 플레인 케피르 1/4컵
• 아몬드가루 1.5컵

조리법:

1. 오븐을 104℃(220℉)로 예열한다.

2. 블렌더나 믹서로 모든 재료를 갈아준다.

3. 기름칠한 13×18cm 식빵 틀 또는
   7×13cm 미니 식빵 틀 2개에 반죽을
   붓는다. 스패튤러로 위쪽을 다듬는다.

4. 60 ~ 90분간 굽는다(미니 빵틀에 담긴 것이
   더 빨리 익는다). 살짝 만졌을 때 탄력이
   느껴지면 잘 구워진 것이다.

5. 오븐에서 꺼내 20분 동안 식힌다.
   오븐 온도를 93℃(200℉)로 낮춘다.

6. 도마 위로 빵을 꺼내 1cm 두께로 자른다.

7. 기름칠한 베이킹 시트나 실리콘 베이킹 매트,
   종이 포일에 놓고 위쪽의 수분이 날아갈
   때까지 약 30분간 굽는다. 뒤집어서 30분
   더 굽는다. 완전히 건조될 때까지 30분마다
   뒤집으며 계속 굽는다.

8. 오븐에서 꺼내 식힌다.

9. 건조하고 서늘한 곳에서 일주일 동안,
   냉동실에서 3개월까지 보관 가능하다.

건강에 좋은 초록 바나나: 익지 않은 (초록색) 바나나는 잘 알려지지 않았지만 장 건강에 아주 좋다. 혈당 조절에 긍정적인 영향을 주고, 전분이 장에서 발효될 때 생기는 단쇄지방산인 낙산butyrate의 생성을 증가시키는 프리바이오틱스 함량이 높다. 낙산은 대장 세포의 에너지원으로 작용하고(함유 에너지의 70%까지 제공한다!) 면역계를 지원하고 염증을 줄이는 데 도움을 준다. 레시피 재료나 간식으로 사용하는 초록 바나나는 초록색일수록 당분이 적고 건강에 좋은 저항성 전분과 펙틴이 많다. 펙틴은 장 건강에 좋고 혈당과 인슐린 수치를 낮게 유지해준다.

초록 바나나는 구워서 맛있는 훈련용 간식으로 사용하는 것 말고도 한입 크기로 잘라 다음의 일정에 따라 급여해도 된다.

• **초대형견:** 하루 1/2개   • **소형견:** 하루 1/8개
• **중대형견:** 하루 1/4개   • **고양이:** 으깨서 하루 2작은술

쿠키

죄책감 없이 즐길 수 있는 영양 만점의 쿠키들이며 언제든지 건강한 간식으로 급여
하기 좋다. 대부분 재료가 3가지 정도밖에 들어가지 않는다. 냉장실에 일주일 동안,
냉동실에서 3개월까지 보관할 수 있다(냉동한 쿠키는 반드시 해동해서 먹여야 한다).
조금씩 잘라서 평소 먹이는 시판용 쿠키나 간식 대신 급여하다가 완전히 대체한다.

올드 패션 도그 비스킷

글루텐 프리 메밀가루로 만들어 전분 함량이 적은 매우 기본적인 스타일의 쿠키다. 일반 메밀보다
건강에 더 좋은 쓴메밀(타타리 메밀)을 사용하면 좋다. 여러 가지 재미있는 모양이나 훈련용 간식으
로 좋은 한입 크기로 만들어보자.

재료:

5cm 쿠키 24개 분량

- 히말라야 타타리 메밀가루 3컵
- 육수 1컵(142쪽 참조)
- 실온에 녹인 버터 1/3컵
- 소금 한 꼬집

조리법:

1. 오븐을 121℃(250℉)로 예열한다.
2. 볼에 재료를 넣고 믹서에 돌려서 잘 섞는다.
3. 실리콘 매트에서 밀대로 반죽을 6mm 두께로
   민다.
4. 쿠키 커터나 피자 커터를 이용해 원하는
   모양을 만든다. (아주 작은 훈련용 간식을 원하면)
   빨대로 찍는다. 밀대로 밀지 않고 다양한 크기로
   뭉칠 수도 있다.
5. 실리콘 베이킹 매트나 종이 포일 깐
   베이킹 시트에 쿠키 반죽을 올리고 크기나
   원하는 바삭함의 정도에 따라 10~30분 정도
   굽는다.

당근 케이크 쿠키

당근은 (파슬리, 펜넬 등과 함께) 미나리과에 속하는 식물로 생리활성물질인 페놀 화합물이 풍부하고 항미생물 효과도 있다. 개의 장 건강을 도와주는 피칸도 들어가 영양 만점이다.

재료:

약 8개 분량

- 당근 2/3컵(갈아서)
- 달걀 2개(풀어서)
- 잘게 썬 무염 생 피칸 1/4컵
- 무설탕 코코넛롱 1/4컵
- 시나몬가루 1/2작은술
- 코코넛가루 1큰술
- 프로스팅: 플레인 그릭 요거트

조리법:

1. 오븐을 121℃(250℉)로 예열한다.
2. 당근, 달걀, 피칸, 코코넛, 시나몬을 볼에 넣고 섞는다.
3. 코코넛가루를 넣고 잘 섞어준다.
4. 종이 포일을 깐 베이킹 시트에 반죽을 티스푼 크기로 덜고 살짝 평평하게 눌러준다.
5. 약 60분간 굽는다.
6. 완전히 식힌다.
7. 그릭 요거트로 "프로스팅"한다 (쿠키 하나당 약 1작은술). 코코넛롱을 토핑으로 뿌려도 된다.

이 책의 레시피에 들어가는 가루류와 견과류 버터는 아무거나 사용해도 되지만 특히 추천하는 것들을 소개한다.

가루 종류	섬유질 (1/4컵당)	단백질 (1/4컵당)	맛, 질감 또는 용도
아몬드가루	1.99g	6g	• 순하고 고소한 맛 • 세포막과 눈의 건강에 중요한 귀한 비타민 E가 가장 풍부하다
히말라야 타타리 메밀가루	4g	4g	• 구수한 맛이 있다 • 메밀은 곡물이 아니라 열매이고 밀과는 전혀 관계가 없다(글루텐 프리) • 100가지 이상의 피토케미컬을 함유하고 "영양 보조 작물nutraceutical crop"이라고 불린다
바나나가루	2.5g	1g	• 구수한 맛이 있다 • 일반 밀가루를 바나나가루로 대체하면 항산화 성분이 크게 증가한다
코코넛가루	10g	4g	• 장에 좋은 섬유질이 풍부하다 • 약간 코코넛 맛이 난다 • 노견의 뇌 기능을 개선해주는 효과가 증명된 중쇄중성지방을 포함한 건강한 지방이 들어 있다

견과류 버터 종류	위험	보상
땅콩(콩과 식물)	땅콩에는 미코톡신이 들어 있을 수 있으므로 FDA 승인을 받은 식품 등급을 구입해야 한다. 땅콩 버터 스프레드는 반드시 피하고 개에게 독성이 있는 자일리톨이 들어 있지 않은지 꼭 확인한다.	단백질과 나이아신 함량이 다른 견과류 버터보다 높고 가격도 가장 저렴하다.
해바라기씨	유전자 변형(GMO) 해바라기씨가 사용되었을 가능성이 크다.	견과류 버터 중에서 마그네슘과 비타민 A, E 함량이 가장 많다.
호두	주변에서 직접 주운 호두는 미코톡신에 오염되었을 가능성이 크다.	다른 견과류 버터보다 식물성 오메가-3 지방산이 많이 들어 있다.
아몬드	항영양소 옥살산염이 가장 많이 들어 있다(28쪽 참고).	철분, 비타민 E, 섬유질이 다른 견과류 버터보다 많고 탄수화물과 포화지방 함량이 낮다.
캐슈	캐슈 버터에는 홍화유를 비롯한 다른 오일이 첨가되었을 수 있으니 라벨을 잘 확인하자.	다른 견과류 버터보다 지방이 적다.

초가공 간식

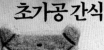

재료:

통밀가루, 옥수수글루텐박, 사탕수수 당밀,
닭고기 지방, 프로피온산칼슘, 흰치즈가루, **산화타이타늄**,
베이컨향, 단백철, **색소(레드 3, 선셋 옐로 FC, 타트라진,
브릴리언트 블루 FF)**, 단백구리.

> **DNA 또는
> 염색체 손상을 일으킴**

> **동물 대상
> 실험에서
> 암 유발**

진저 본

재료:

호박, 코코넛가루, 달걀,
아몬드 버터, MCT 오일,
베이킹 소다, 생강.

진저 본

항산화 성분이 풍부한 생강은 혈액순환을 촉진하고 항염증 작용을 하며 메스꺼움을 완화한다(항암
화학요법의 부작용을 완전히 막아줄 수도 있다). 백혈구를 활성화하는 [6]-진저롤이 들어 있는 생강은
훌륭한 면역력 강화 식품이다. 이 쿠키로 화환을 장식하면 근사한 크리스마스 선물이 된다!

재료:

(9cm 개 뼈 모양 쿠키 커터 사용시) 약 36개 분량

- 호박 1컵(쪄서)
- 코코넛가루 1.5컵
- 달걀 4개
- 땅콩 버터 또는 아몬드 버터 1/2컵
- 코코넛 오일 또는 MCT 오일 또는
  블랙커민씨드 오일 1/2컵
- 베이킹 소다 1/2작은술
- 생강가루 1/4작은술(또는 갈아서 1/2작은술)

조리법:

1. 오븐을 121℃(250℉)로 예열한다.
2. 중간 크기의 볼에 모든 재료를 넣고 잘 섞는다.
3. 작업하기 쉽도록 반죽을 20분 동안 냉동실에
   넣어둔다.
4. 두 장의 종이 포일 사이에 반죽을 넣고
   약 6mm 정도의 일관적인 두께로 밀어준다.
5. 뼈 모양 쿠키 커터로 반죽을 찍어낸다.
6. 기름칠한 베이킹 시트 또는 실리콘 베이킹
   매트, 종이 포일에 뼈 모양의 쿠키 반죽을
   최소 2.5cm 간격으로 놓는다.
7. 살짝 갈색으로 변할 때까지 30 ~ 45분간
   굽는다. 꺼내서 식힌다.

씨앗 스낵(도그 크래커)

소금이 첨가되지 않은 생 씨앗류와 견과류는 개의 호르몬 면역 반응을 강화하고 근골격계를 지원하는 망간이 가장 풍부한 식품 중 하나다. 여러 씨앗류와 견과류를 믹스 & 매치해 망간이 풍부한 쿠키를 만들어보자.

재료:

- 무염 생 씨앗류 10큰술
  (치아씨드, 아마씨, 참깨, 검은깨, 햄프하트,
  블랙커민씨드 등 그 어떤 조합도 가능하다.
  소형견의 경우 해바라기씨나 호박씨를
  작게 다진다).
- 소금 한 꼬집
- 올리브 오일 2작은술
- 육수 또는 물 1/2컵
  (육수 아이디어는 142쪽 참조)
- 아몬드가루 2큰술

조리법:

1. 오븐을 121℃(250℉)로 예열한다.
2. 씨앗, 소금, 올리브 오일, 뼈 육수 또는 물,
   아몬드가루를 잘 섞는다.
   반죽이 잘 어우러지고 끈끈해지도록
   10분간 놓아둔다.
3. 기름칠한 베이킹 시트 또는 실리콘 베이킹
   매트, 종이 포일에 2의 반죽을 놓고
   6mm 두께로 잘 편다.
4. 1시간 동안 굽는다.
5. 큰 스패튤러로 크래커를 조심스럽게 뒤집고
   피자 커터를 사용해 원하는 간식 크기로
   자른다(1 ~ 2.5cm 사각형).
   30분 더 굽는다.
6. 안에 넣어둔 채로 오븐을 끄고
   크래커의 수분을 날린다.
   식으면 꺼낸다.

25
Mn
Manganese
54.938

세 가지 재료 간식들

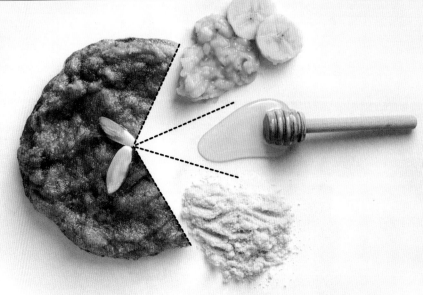

바나나 꿀 비스킷

이 비스킷은 주재료가 바나나여서 칼륨이
풍부하고 꿀을 첨가해 항산화 효과를 강화한다.

재료:

6~8개 분량

- 중간 크기 바나나 1개
- 생 꿀 1/2작은술,
- 아몬드가루 1/4컵
- 선택 사항: 장식용 아몬드 슬라이스

조리법:

1. 오븐을 121℃(250℉)로 예열한다.
2. 으깬 바나나에 꿀과 아몬드가루를 넣고
   잘 섞는다.
3. 기름칠한 베이킹 시트 또는
   실리콘 베이킹 매트나 종이 포일에
   반죽을 한 스푼씩 떼어 놓는다.
4. 선택 사항: 아몬드 슬라이스로 장식한다.
5. 60분 동안 굽는다.

허브 코티지 크럼펫

건강에 좋은 프리바이오틱스 섬유질을
공급하는 코티지 치즈 쿠키.

재료:

6~10개 분량

- 코티지 치즈 1/2컵
- 메밀가루 2큰술
- 잘게 썬 생 허브 1큰술

또는 말린 허브 1작은술

(로즈메리, 세이지, 타임, 파슬리, 바질,

오레가노, 고수 등 원하는 것으로.

하나만 또는 여러 가지 섞어서).

조리법:

1. 오븐을 121℃(250℉)로 예열한다.
2. 모든 재료를 잘 섞는다.
3. 기름칠한 베이킹 시트 또는
   실리콘 베이킹 매트나 종이 포일에
   반죽을 한 스푼씩 떼어 놓는다.
4. 90분간 굽는다.

애플 시나몬 타르트

미생물 군집의 먹이가 되는 프리바이오틱스인 펙틴이 풍부한 사과로 만드는 맛있는 타르트.
시나몬에는 해로운 활성산소로부터 몸을 보호하고 인슐린과 혈당을 조절하는 폴리페놀이 풍부하다.

재료:

8~10개 분량

- 무가당 애플소스 1/2컵(직접 만드는 방법은 122쪽 참고)
- 시나몬가루 1작은술
- 코코넛가루 2큰술

조리법:

1. 오븐을 121℃(250℉)로 예열한다.

2. 모든 재료를 섞는다.

3. 작은 볼 모양으로 반죽을 밀어준다(원하는 크기에 따라 1~2.5cm).
기름칠한 베이킹 시트 또는 실리콘 베이킹 매트, 종이 포일 위에 놓고
포크로 살짝 눌러준다.

4. 60분간 굽는다.

코코넛 마카롱

DNA 손상을 보호하는 항산화 성분을 함유한 코코넛으로 만드는 간편 간식.

재료:

크기에 따라 6~8개 분량

- 달걀흰자 1개
- 무설탕 코코넛롱 1컵
- 플레인 케피르 1/3컵

조리법:

1. 오븐을 121℃(250℉)로 예열한다.

2. 달걀흰자를 단단한 뿔이 생길 때까지 거품 낸다.

3. 볼에 코코넛과 케피르를 넣고 잘 섞는다.

4. 3을 달걀흰자에 천천히 합친다.

5. 쿠키 스쿱이나 스푼으로 반죽을 떠서
기름칠한 베이킹 시트나 실리콘 베이킹 매트나 종이 포일 위에 놓는다.

6. 살짝 갈색으로 변할 때까지 30분 동안 굽는다.

홀리 간즈 박사의 프리바이오틱 쿠키

훌륭한 미생물 생태학자가 선물해준 쿠키 레시피로 부숴서 토퍼로도 이용할 수 있다. 고구마에는
프리바이오틱스 섬유질이 풍부하다. 통조림 제품으로 구입할 경우에는 무가당인지 꼭 확인한다.

재료:

4cm 약 40개 분량

- 흰살생선 1/4컵(데친 후 살짝 으깨서)
- 땅콩 버터 1/4컵(설탕이나 오일 무첨가 제품)
- 고구마 퓌레 2/3컵
- 귀리가루 1컵
- 병아리콩가루 3/4컵

조리법:

1. 오븐을 121℃(250℉)로 예열한다.

2. 모든 재료를 섞는다.

3. 도마나 작업대에 덧가루를 살짝 뿌리고
   밀대로 반죽을 밀어서 6mm ~ 1cm 두께로
   펴준다. 원하는 모양으로 찍고 남은 반죽은
   다시 밀어서 쿠키를 더 만든다.

4. 살짝 기름칠한 베이킹 시트나
   실리콘 베이킹 매트, 종이 포일에 놓고
   가장자리가 단단하고 바삭해질 때까지
   2시간 동안 굽는다.
   30분마다 뒤집어준다.

차가운 간식

냉동 간식은 열이 많은 반려견의 몸을 식히는 용도로, 혹은 핥기를 좋아하는 반려견이 오래 가지고 놀 수 있는 행동 풍부화 아이템으로 안성맞춤이다. 이 레시피들은 다양한 방법으로 급여할 수 있다. 아이스크림("강아지용 막대 아이스크림")으로도 좋고, 해동해서 리킹 매트에 바르거나 실리콘 틀 등에 작은 간식으로 얼려서 급여할 수 있다. 또 식사 토퍼로 사용할 수 있고, 슬러시 또는 상온 상태에서(반려동물이 차가운 음식을 좋아하지 않는 경우에는 따뜻하게) 교감용 장난감으로 급여할 수도 있다. 이 간식을 급여할 때는 옆에서 잘 살펴야 한다. 개가 간식을 통째로 삼킬까 걱정된다면 큰 사이즈의 틀(케이크나 식빵 틀 등)을 이용하거나 냉동 상태로 믹서에 갈아서 빙수 상태로 급여한다. 냉동 간식은 3개월 이내에 모두 사용해야 한다.

3장 간식과 토핑

리코펜 아이스 캔디

더울 때 수분을 공급하고 면역력도 강화해주는 간식이다. 수박과 토마토에는 세포자연사(아포토시스)를 자극하는 영양소인 리코펜이 풍부해서 세포 청소가 활발하게 이루어질 수 있다. 수박 자체에 관심을 보이는 고양이도 가끔 있다.

재료:

약 24개 분량(3큰술 크기의 틀 사용시)

- 수박 2컵(깍둑썰기)
- 선택 사항: 케피르 또는 그릭 요거트 1/4컵
- 생 바질 잎 2~3개(말린 바질 1/2작은술)

조리법:

1. 수박, 케피르 또는 그릭 요거트(사용할 경우), 바질을 믹서에 넣고 부드러운 상태가 될 때까지 간다. 반려견이 묽은 질감을 좋아하면 정수된 물을 추가한다.
2. 원하는 실리콘 틀에 넣고 얼린다.
3. 단단한 얼음이 아니라 슬러시 질감이 될 때까지 냉장고 안에서 살짝 녹여서 급여한다.
4. 선택 사항: 수박 모양으로 만들 수도 있다. 먼저 간 수박을 틀에 넣고 얼린 후 케피르를 넣고 다시 얼린다. 물을 넣어서 간 바질을 얹어서 또 얼린다.

건강에 좋은 바질: 바질은 폴리페놀과 항산화 성분이 풍부한 항염증성, 항암 식품이다. 바질을 추가하면 글루타치온, 카탈라아제, 초과산화물 불균등화효소(superoxide dismustase, SOD)가 증가하고 당뇨 예방 효과도 발휘한다.

항산화 아이스바

반려견에게 평소 거들떠보지도 않는 녹색 채소를 몰래 먹일 수 있는 아주 좋은 방법이다. 얼린 육수를 핥아 안에 든 "보상"을 얻을 수 있어서 지루함 해소용으로도 훌륭하다.

원하는 조합으로 아이스바 틀이나 종이컵을 2/3 채운다.
1. 육수나 케피르 또는 차를 모양 틀에 붓는다. 몇 가지를 섞어도 된다.
2. 원하면 먹을 수 있는 손잡이도 넣는다(아스파라거스, 닭발, 당근 또는 말린 힘줄이 좋다).

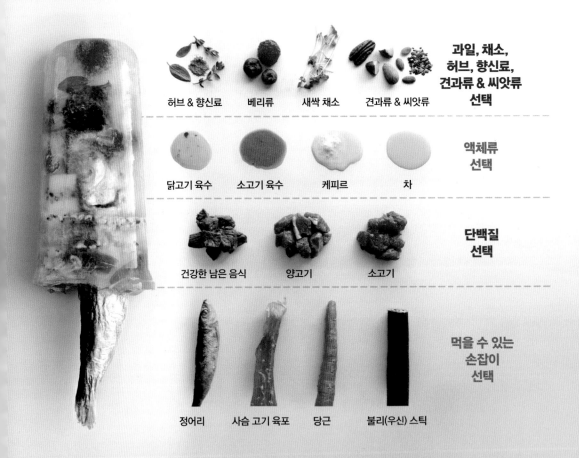

				과일, 채소, 허브, 향신료, 견과류 & 씨앗류 선택
허브 & 향신료	베리류	새싹 채소	견과류 & 씨앗류	
				액체류 선택
닭고기 육수	소고기 육수	케피르	차	
				단백질 선택
건강한 남은 음식	양고기	소고기		
				먹을 수 있는 손잡이 선택
정어리	사슴 고기 육포	당근	불리(우신) 스틱	

남은 음식의 재탄생: 아이스바 모양 틀이 없으면 종이컵을 사용한다. 종이컵에 남은 음식을 넣어서 얼린다. 안에 든 맛있는 음식이 나올 때까지 반려견이 즐겁게 핥을 수 있다.

인지 기능 개선 아이스 캔디

뇌에 좋은 코코넛 오일(MCT 풍부)과 크랜베리를 섞어서 만드는 아이스 캔디. 크랜베리의 플라보노이드 성분은 기억력과 신경 기능의 개선을 도와준다.

재료:

24개 분량(3큰술 틀 사용시)
- 상온의 코코넛 오일 1/2컵
- 해바라기씨 버터 또는 아몬드 버터 또는 원하는 견과류 및 씨앗류 버터 1/2 ~ 1컵,
- 크랜베리, 블루베리 또는 다른 한입 크기 과일

조리법:

1. 얼음 틀 또는 미니 머핀 틀에 코코넛 오일을 살짝 바른다.
2. 씨앗류 버터 또는 견과류 버터를 반쯤 채운다.
3. 버터 위에 한입 크기의 과일을 얹는다.
4. 위에 코코넛 오일을 뿌리고 얼린다.

블루베리는
DNA 회복을 촉진해
노화를 늦춘다.

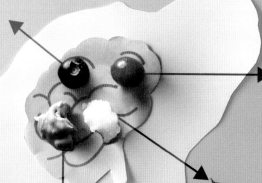

크랜베리를 식단에 추가하면
기억력이 개선되고
치매를 막는
효과가 있다.

코코넛 오일의 MCT는
개들의
인지 기능을 개선하는
효과가 있다.

아몬드 버터의
비타민 E는
세포막을
튼튼하게 하고
면역 기능을 강화한다.

블루존 아이스크림

정어리는 개의 심혈관 건강에 필수적인 비타민 B12와 위장병 질환을 예방해주는 비타민 D가 풍부하다.

재료:

2/3컵 분량

- 물에 담긴 무염 정어리 통조림 1개(106 ~ 125g)

  (다른 옵션: 소금이 첨가되지 않은 빙어, 홍합, 굴 또는 연어)

- 플레인 요거트 또는 케피르 1/2컵

- 생 고수, 민들레잎 또는 원하는 새싹 채소(다짐)

- 선택 사항: 로즈메리 1/8 작은술 또는 원하는 허브(생 허브와 말린 허브 모두 가능)

조리법:

1. 모든 재료를 푸드 프로세서나 믹서에 넣고 간다.

2. 냉동 간식으로 사용하려면: 실리콘 틀이나 장난감, 리킹 매트에 넣고 얼린다.

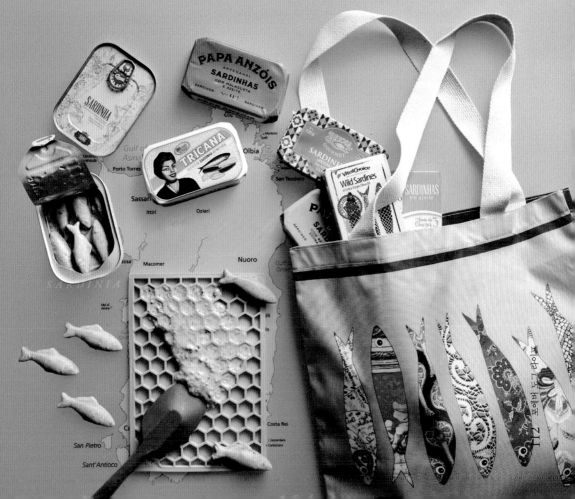

장수 새싹 큐브

냉동 간식으로 먹이거나 식사에 추가할 수도 있다. 액체를 살짝 부으면 녹아서 토퍼가 된다.

재료:

- 원하는 새싹 채소 142g
- 정수된 물 또는 육수 2/3컵

조리법:

1. 새싹 채소와 액체류를 믹서나 푸드 프로세서로 갈아준다.

2. 1을 얼음 틀에 넣는다.

3. 최대 3개월까지 냉동 보관할 수 있다.

체중 14kg당 하루 1개(28g) 급여한다.

육수에 대하여: 육수에 관한 내용은 142쪽을 참고하자. 시판 제품을 구매할 때는(예를 들어, 이 레시피에 사용하기 위해) 양파가 들어가지 않고 나트륨 함량이 적은 것을 선택한다.

장 건강을 위한 민들레 큐브

섬유질이 풍부한 민들레잎은 간의 담즙을 자극하여 독소를 대변으로 배출한다. 얼린 민들레 큐브는 맛있고 영양가 풍부한 토퍼로 사용한다.

재료:

· 민들레잎 142g

· 정수된 물 또는 육수 2/3컵

조리법:

1. 민들레잎을 잘게 썰어서 얼음 틀에 넣고 물을 붓는다. 물을 약간 섞어서 믹서나 푸드 프로세서로 갈아도 된다.

2. 1을 얼린다.

체중 14kg당 하루 1개(28g) 급여한다.

민들레꽃 버리지 말기: 이 레시피에는 민들레잎이 필요하지만 그렇다고 꽃을 버리지는 말자. 민들레꽃에는 폴리페놀 함량이 뿌리보다 115배나 많다. (곰팡이가 피지 않도록) 꽃을 깨끗이 세척 후 물기를 제거해서 얼리거나 잘게 다져서 식사에 섞거나 말려서 가루로 만든다.

목적 있는 토퍼

목적 있는 토퍼는 식사 시간에 곧바로 영양가를 끌어올릴 수 있게 해준다. 특정한 건강 상태나 문제에 맞춤화한 토퍼라서 미생물 군집을 강화하거나 면역체계를 지원하거나 세포를 재생시키는 등의 목적에 활용한다. 다른 언급이 없다면, 어떤 토퍼든 자유롭게 사용할 수 있다. 식사에 추가하거나 리킹 매트나 장난감을 이용해 급여하거나 얼렸다가 나중에 쓸 수도 있다.

　(다른 언급이 없다면) 모든 토퍼는 냉장실에서 3일, 냉동하면 3개월까지 보관할 수 있다.

급여 방법: 체중 9kg당 하루 한 덩이(1 ~ 2큰술). 항상 적은 양으로 시작해 점차 새로운 맛에 적응하게 한다.

풍부화 기회를 넓혀라: 개들은 매일 몇 시간씩 아무것도 하지 않을 때가 많다. 따라서 행동 풍부화가 녀석들의 건강에 매우 중요하다. 음식은 그 자체로 행동 풍부화 활동을 제공하지만 한 단계 더 나아가는 기회를 놓치지 말자. 퍼즐을 풀거나 무언가를 찾거나 안에 숨겨진 보물이 나올 때까지 영양가 가득한 얼음을 핥는 행동은 반려견의 뇌와 신체에 이롭다. 행동 풍부화를 이용해서 관심을 돌려주면 개가 할 일을(가구를 씹는 것처럼) 구태여 생각해내지 않아도 된다.

3장 간식과 토퍼

콜린 토퍼

많은 양을 만들 때는 훈련용 간식으로 사용한다. 그렇지 않으면 "가루" 내어 식사에 뿌리거나 리킹 매트에 사용한다. 콜린이 풍부한 토퍼로 행동 풍부화에 좋다.

재료:

달걀 9개당 1컵 분량

• 달걀(원하는 만큼)
• 선택 사항: 필요에 따라 코코넛 오일
   또는 아보카도 오일

조리법:

1. 오븐을 77℃(170℉)로 예열한다.
2. 달걀은 깨뜨려서 거품기로 잘 풀어준다.
3. 프라이팬에 코코넛 오일이나 아보카도 오일을
   살짝 바른다(필요한 경우).
4. 팬에 달걀물을 붓고 약불로 익힌다.
   살짝 젓거나 잘 섞어주면서 완전히 익힌다.
5. 팬에서 꺼내 종이 포일 덮은 베이킹 시트에
   올린다.
6. 오븐에 넣고 수분이 완전히 날아갈 때까지
   4 ~ 6시간 굽는다.

크랜베리 정어리 처트니

방광과 뇌 건강에 좋지만 시큼한 맛이 강한 크랜베리는 육수나 정어리 통조림 국물에 넣고 익히면 좋다.

재료:

113g 분량

- 정어리 통조림 106g (물에 담긴 무염 제품)
- 생 크랜베리 1/3컵
- 물 또는 육수 또는 정어리 통조림 국물
- 젤라틴가루 1/2작은술
- 선택 사항: 케피르 1큰술

조리법:

1. 통조림에서 정어리를 꺼낸다.
   국물 1/8컵을 남겨둔다
   (크랜베리를 익히고 싶다면 1/8 컵 추가).
2. 크랜베리와 육수 또는 물 또는 정어리
   통조림 국물 1/8컵을 작은 냄비에
   넣는다.
3. 크랜베리가 포크로 으스러질 때까지
   약불에서 5 ~ 10분 끓인다. 불을 끈다.
4. 냄비를 가져와 젤라틴가루를 넣고
   잘 젓는다.
5. 찬물 또는 육수 또는 통조림 국물을
   1/8컵 넣고 저어준다.
6. 정어리를 으깨거나 푸드 프로세서로
   잘 섞어준다.
7. 원한다면 케피르를 추가한다.

프리바이오틱스 한 꼬집

에그롤에서 영감받은 프리바이오틱스 토퍼. 영양 밀도가 가장 높은 채소 중 하나인 양배추(비타민 C 와 K, 칼륨, 프리바이오틱 섬유질, 단백질, 염증과 싸워 심혈관 질환 위험을 낮추는 항산화제 안토시아닌 풍부)가 듬뿍 들어간다.

재료:

- 당근 1/4컵(잘게 썰거나 채 쳐서)
- 버섯 1/2컵(잘게 썰어서)
- 생강 1/2작은술(갈아서)
- 양배추 1컵(잘게 썰어서)
- 익히는 경우: 코코넛 오일 1작은술

조리법:

생으로 급여하는 경우

1. 큰 볼에 모든 재료를 섞어서 식사 토퍼로 급여하거나 리킹 매트나 교감형 장난감으로 급여한다.

익히는 경우

1. 커다란 프라이팬에 코코넛 오일 1큰술을 넣고 중약불로 달군다.
2. 당근을 넣고 몇 분간 볶는다.
3. 버섯을 넣고 부드러워질 때까지 볶는다.
4. 생강을 넣고 섞어준다.
5. 양배추를 넣고 골고루 섞는다.
6. 뚜껑을 덮고 양배추가 숨이 죽을 때까지 3~5분간 익힌다.

미생물 군집에 좋은 타불리 토퍼

유익균과 유해균에 모두 좋은 토퍼. 파슬리에는 장내 유익균의 성장을 자극하는 식이 플라보노이드 성분 아피제닌이 풍부하다. 그리고 페퍼민트의 멘톨은 헬리코박터 파일로리와 대장균을 포함한 유해균이 일으키는 손상을 줄여준다.

생 파슬리 1큰술(잘게 썰어서)

생 민트 1큰술(잘게 썰어서)

토마토 1/2컵(작게 깍둑썰기)

오이 1컵(작게 깍둑썰기)

모든 재료를 넣고 섞는다.

체중 9kg당 1/4컵으로 시작한다.

팟타이 토퍼

태국 음식에서 영감을 받은 이 토퍼에는 장수의 비밀 재료가 들어간다. 바로 세포 손상으로부터 보호해주는 강력한 항산화제 레스베라트롤이다.

재료:

- 원하는 새싹 채소 1/2컵 또는 발아 땅콩 1큰술(66쪽 참조)
- 생 고수 1작은술(잘게 썰어서) 또는 말린 고수 1/2작은술
- 달걀 1개(수란)
- 선택 사항: 마지막에 뿌려줄 라임 약간

조리법:

1. 새싹 채소 또는 발아 땅콩(소형견일 경우 작게 썬다)과 고수를 반려견의 식사 위에 뿌리고 수란을 올린다.
2. 원하는 경우 라임을 뿌려 비타민 C를 추가한다. 잘 섞어준다.

이 토퍼는 1회분 약 **80칼로리**로 **23kg**이 넘는 개들에게 적당한 양이다. 중형견은 하루 절반 또는 일주일에 걸쳐 몇 회 급여할 수 있다. 소형견과 고양이의 경우에는 **4회 분량** 정도가 된다.

건강에 좋은 발아 땅콩: 반려동물들은 달짝지근하고 버터 같은 맛 때문에 땅콩 새싹을 좋아한다. 레드 와인의 색깔을 내는 것으로 잘 알려진 강력한 항산화제 레스베라트롤을 포함해 폴리페놀이 풍부해서 주인들도 반기는 식품이다. 레스베라트롤은 항염증과 항암 작용을 하고 심장 건강을 증진하고 경계와 인지 기능 향상에 도움을 주고 치매 위험을 줄인다. 발아 땅콩에는 레스베라트롤이 와인보다 90배나 더 많이 들어 있다!

탄두리 토퍼

이 토퍼는 가열하지 않고 풍미 좋은 향신료와 요거트로 맛을 내는 인도 요리다. 건강도 챙길 수 있고 행동 풍부화 용도로도 좋다.

재료:

- 플레인 요거트 또는 코티지 치즈 1컵
- 정향가루 1/8작은술
- 시나몬가루 1/8작은술
- 생강가루 1/8작은술 또는 생강즙 1/4작은술
- 커민 1/8작은술

조리법:

1. 작은 볼이나 유리 보관 용기에 모든 재료를 섞는다.
2. 토퍼로 사용하거나 리킹 매트에 바르거나
   뼈나 장난감 안에 넣거나 냉동한다.

체중 9kg당 1큰술 급여한다.

섬유질 듬뿍 스무디

이 레시피에 들어가는 사과와 파인애플(효소 브로멜라인도 함유)에는 섬유질이 풍부해서
소화를 촉진하고 변의 부피를 늘려 항문샘에 문제 있는 개들을 도와준다.

재료:
- 무가당 유기농 플레인 요거트 1/2컵
- 무가당 100% 파인애플 주스 1/2컵
(개가 까다로우면 육수 사용. 142쪽 참조)
- 차전자피가루 1큰술
- 작은 사과 1개(껍질째 씨와 심부분만 제거하고 잘게 썰어서)

조리법: 믹서나 푸드 프로세서로 갈아준다.

애플소스 만들기

물 대신 뼈 육수로 만들어 달콤하고 풍미가 깊다.

재료:
- 사과 6개(심 제거 후 잘게 썰어서)
- 뼈 육수 1/4컵

조리법:
1. 작은 냄비에 재료를 넣는다.
2. 끓으면 약불로 줄여서 30분간 끓인다. 포크로 쉽게 으깨질 정도로 부드러워지면 된다.
필요한 경우 육수나 사과를 추가한다.
3. 식혀서 리킹 매트에 발라 주거나 토퍼로 사용하거나 음식을 만들 때 사용한다.
4. 남은 애플소스는 냉장고에서 일주일까지 보관할 수 있다.

사과=항문샘에 최고: 반려견의 항문샘은 항문 양쪽에 위치하고 배변시 이곳에서 소량의 액체가 빠져나온다(다른 개들에게 생물학적 페로몬 데이터를 제공한다). 항문샘이 커지거나 감염되었을 때 펙틴(가용성 섬유질)이 풍부한 사과를 변비에 좋은 차전자피가루, 브로멜라인(파인애플에 함유된 함염증성 단백질 분해 효소)과 섞어서 먹이면 항문샘을 지키는 최고의 건강식품이 된다. 사과에 들어 있는 폴리페놀 성분인 B형 프로시아니딘은 단 한 번만 섭취해도 장-뇌축이 활성화되어 인지 기능이 향상되고 인지 기능 저하 위험이 줄어든다.

스마트 스프레드

발효 식품과 오메가 지방산이 풍부한 해산물로 만드는 이 토퍼는 스프레드로 사용할 수 있고 뇌와 장 건강에 좋다.

재료:
- 익힌 연어(생 연어를 익히거나 물에 담긴 통조림 사용) 또는 다른 "깨끗한" 해산물 1컵
- 플레인 요거트 1/2컵
- 익힌 버섯 1/2컵(47쪽 참조) 또는 새싹 채소 1/4컵(66쪽 참조)
- 생 호박씨 4큰술
- 선택 사항: DIY 비타민/미네랄 그린 파우더 1 ~ 3작은술 (127쪽 참조)

조리법: 믹서나 푸드 프로세서로 갈아준다.

체중 4.5kg당 하루에 28g씩 토퍼로 사용하거나 리킹 매트에 발라 준다.
얼음 틀이나 실리콘 틀에 얼려두고 나중에 사용할 수도 있다.

케피르도 먹이자: 반려동물에게 요거트 말고 다른 발효 식품도 먹이자. 케피르는 요거트와 비슷하지만 좀 더 묽고 시큼하다. 유익균이 요거트보다 1,000배 이상 더 많이 들어 있다. 연구에 따르면 케피르를 먹은 개들은 단 2주 만에 장이 더 건강해진다! 체중 4.5kg당 하루에 케피르 1큰술을 식사에 추가하자.

행동 풍부화의 장수 효과: 만성적인 스트레스는 위장병에서 면역 기능 장애, 우울증, 심혈관 질환에 이르기까지 수많은 문제를 일으킬 수 있다. 행동 풍부화(걷기, 다른 동물과 놀기, 리킹 매트나 장난감, 또는 건강한 간식이 나오는 장난감 등)를 제공하면 불안, 우울증, 마킹, 공격성, 반사회적 행동 등 스트레스와 관련 있는 행동을 없앨 수 있다.

스너플 매트(노즈워크)가 없다면? 잎이 풍성한 양상추 한 포기를 사용하자! 건강에 좋은 간식을 작게 잘라서 잎 사이에 끼워서 주면 개(또는 고양이)가 숨겨진 간식을 찾으면서 코와 뇌를 움직인다.

하지만 반려동물을 위해 현명한 결정을 내리는 것은 주인의 몫이다. 반려견이 DIY 행동 풍부화 아이템(달걀 상자)을 씹거나 삼킬 게 뻔하다면 그 아이템은 피해야 한다. 실패가 뻔하고 부상 위험도 있다. 반려동물이 안전하게 즐길 수 있는 음식과 간식 장난감만 적당한 양으로 제공해야 한다(행동 풍부화 시간을 몇 분으로 제한하고 남은 것은 냉장고에 넣어두고 다음 시간에 사용할 수 있다). 필요할 때 개입할 수 있도록 반려동물이 음식, 간식, 장난감을 즐기는 동안 옆에서 감독해야 한다.

평소 먹는 속도가 너무 빠르다면 저녁 식사를 머핀 틀에 담아서 주면 좋다. 칸마다 다른 토퍼와 간식을 담아 뷔페처럼 차려주면 개의 몸과 마음이 더욱더 건강해진다.

쉬림프 휩

새우에는 아이오딘이 풍부하다. 새우의 분홍빛을 내는 물질이자 신경 보호
효과가 있는 항산화제 아스타잔틴도 들어 있다.

재료

약 2/3 컵 분량

- 젤라틴 1/2작은술
- 뜨거운 육수 1/4컵
- 잘게 자른 익힌 새우 1/2컵(또는 통조림 제품)

조리법

1. 젤라틴을 볼에 담는다.
2. 뜨거운 육수를 젤라틴에 붓고 잘 섞는다.
3. 잘게 자른 새우를 넣고 섞어준다.
4. 식으면서 걸쭉해진다. 식은 후에 잘 섞거나 갈아서 급여한다.

원하는 액체류

강황가루

거품기로 잘 섞음

뇌에 좋은 강황 페이스트

뇌 건강에 좋은 성분이 가득한 강황으로 만드는 페이스트. 강황의 주성분 커큐민은 신경세포의 건강을 도와주는 단백질인 뇌유래신경영양인자(BDNF)의 수치를 증가시키는 것으로 밝혀졌다.

재료:

약 1.5컵 분량

- 강황가루 1/2컵
- 정수된 물 또는 버섯 육수(레시피 146쪽 참조)
  또는 디카페인 차(149쪽 참조) 1 ~ 2컵(원하는 농도로)
- 코코넛 오일 1/4 ~ 1/3컵
  (또는 라드, 목초 우유로 만든 버터, 아보카도 오일
  또는 MCT 오일)
- 통후추 간 것 1/2작은술 또는 생강가루
- 버섯가루 1/4컵

조리법:

1. 강황, 물, 육수 또는 차를 작은 냄비에 넣는다.
2. 거품기로 잘 섞는다.
3. 페이스트 제형이 될 때까지 거품기로 저어주면서
   중약불에서 7 ~ 10분간 끓인다.
4. 불을 끄고 오일을 넣는다.
5. 후추와 버섯가루를 넣는다. 잘 저어준다.

체중 4.5kg당 1/4 작은술로 시작한다.

목초 우유로 만든 버터

MCT 오일

코코넛 오일

아보카도 오일

라드

버섯가루

생강가루 혹은 통후추 간 것

커큐민 크림치즈

크림치즈로 만드는 이 토퍼는 반려동물의 뇌, 세포, 혈당에 좋은 마법 같은 음식이다. 아포토시스는 세포자연사를 말하는데(암세포 증식을 막기 위한 목적) 커큐민이 아포토시스를 유도하는 것으로 밝혀졌다. 커큐민만으로도 당뇨 지표를 낮추는 효과가 있으며 강황보다 더 뛰어나다. 파우더의 강도가 다르므로 일반적으로 건강에 이로운 용량을 제공하고 특정 건강 상태에 대한 치료 용도로 사용하지 않는 것을 권장한다.

재료:

약 1/2컵 분량

- 크림치즈 113g
- 커큐민가루 1작은술
- 버섯가루 1작은술
- 생강가루 또는 통후추 간 것 1/4작은술

조리법: 모든 재료를 골고루 섞는다.

체중 4.5kg당 하루 1작은술씩
음식에 섞거나 리킹 매트에 발라서 준다.

DIY 비타민/미네랄 그린 파우더

반려동물에게 건강한 음식을 먹이는 것은 돈을 절약하는 방법이기도 하다. 한 병에 100달러 넘는 채소 파우더를 사지 말고 이 레시피로 직접 만들어보자. 이 DIY 슈퍼 그린 파우더는 채소를 남김없이 소비하고 반려동물의 식단에 몰래 추가할 수 있게 해준다.

재료:

약 4큰술 분량

• 녹색 채소 4.5컵(케일, 시금치, 민들레 등)

조리법:

1. 오븐을 가장 낮은 온도로 예열한다.

2. 채소는 깨끗이 씻어 물기를 제거한다. 케일은 줄기를 제거하고 잎을 균일하게 썰거나 찢는다. 시금치는 그대로 사용해도 된다.

3. 기름칠한 베이킹 시트 또는 실리콘 베이킹 매트, 종이 포일에 놓는다. 수분이 완전히 날아가 바삭해질 때까지 6 ~ 8시간 굽는다. 또는 건조기에 52℃(125°F)로 6 ~ 8시간 동안 돌린다.

4. 3을 갈아서 파우더 형태로 만든다.

5. 밀폐용기에 넣어 직사광선을 피해 서늘한 곳에 보관한다(냉장고가 안성맞춤). 한 달 이내에 사용한다.

식사에 뿌리거나 쉬림프 휩(124쪽 참조), 코티지 치즈, 또는 으깬 정어리를 발라둔 리킹 매트에 뿌려준다.

체중 4.5kg당 1/2작은술씩 사용한다.

건강 간식과 토퍼

DIY 노루궁뎅이버섯가루

로드니의 강아지 슈비는 버섯을 싫어한다. 그래서 로드니는 이 방법으로 장 건강에 좋은 약용 버섯을 슈비의 음식에 몰래 넣는다.

재료:

약 2/3 컵 분량

• 노루궁뎅이버섯 4.5컵

조리법:

1. 오븐을 77°C(170°F)로 예열한다.

2. 버섯을 깨끗이 씻어서 물기를 제거한다.

3. 3mm 크기로 자르거나 찢는다.

4. 기름칠한 베이킹 시트나 실리콘 베이킹 매트, 종이 포일에 놓는다.

5. 오븐에 넣고 문틈에 나무 숟가락을 끼워서 문을 열어둔 채로
   5시간 굽는다. 중간에 뒤집어준다. 식품 건조기를 사용할 경우,
   수분이 완전히 날아가 바삭바삭해질 때까지 52°C(125°F)에서
   6 ~ 8시간 돌린다. 건조한 지역에 산다면 완전히 바삭바삭해질
   때까지 실내에서 6일 정도 말린다.

6. 믹서나 푸드 프로세서로 갈아서 가루로 만든다.

7. 밀폐용기에 넣어 건조하고 서늘한 곳에 보관한다(냉장고도 좋다).
   한 달 내에 사용한다.

체중 4.5kg당 1/2작은술 급여한다.
하루 1회 식사에 뿌리거나 토퍼에 섞거나 리킹 매트에 뿌린다.

파우더 그래비 포

128

장에 좋은 노루궁뎅이버섯: 약용 버섯인 노루궁뎅이버섯은 신경세포의 생성과 재생을 돕고 산화 스트레스를 줄여주는 효과가 증명되었다. 이 기적적인 버섯은 실제로는 훨씬 더 환상적이다. 노견 이 노루궁뎅이버섯을 먹으면 유해균보다 유익균의 균형이 더 좋아진다. 미생물 군집을 조절해주는 효과가 있다는 뜻이다.

젤라틴, 그레이비, 젤리, 지글러

젤라틴은 더 이상 디저트에 넣는 재료의 하나가 아니다. 이 레시피들에서는 젤라틴이 주인공이다. 젤라틴은 다재다능한 점도 증진제이고(많이 넣을수록 단단하게 굳는다) 관절, 머리카락, 피부 건강에도 도움이 된다.

젤라틴은 글리포세이트 같은 환경 오염 물질을 해독하는 아미노산 글리신이 가장 풍부한 자연식품이다. 포유류에 포만감을 느끼게 해주므로 다양한 DIY 간식을 만드는 만족스럽고 영양가 있는 재료가 된다. 젤라틴은 장에도 유익하다. 위 점액을 보호하여 소화기 계통의 내벽을 강화한다. 또한 위산 분비를 촉진해 소화를 도우며 물을 흡수해 체액 및 노폐물이 소화관을 통해 이동하게 해준다. 젤라틴은 연골 건강을 돕고 관절 통증을 줄이고 심지어 모발 성장에도 도움이 된다!

일반 젤라틴가루는 슈퍼마켓에서 쉽게 구할 수 있다. 건강 식품점이나 온라인에서 목초를 먹인 소로 만든 젤라틴을 사면 더 좋다. 별도의 언급이 없는 한, 젤라틴, 그레이비, 젤리, 지글러는 밀폐용기에 담아 냉장실에서 3일, 냉동실에서 3개월까지 보관한다. 젤라틴 간식은 반려동물이 안전하게 섭취할 수 있는 크기로 잘라서 준다. 일반 젤라틴 1큰술(약 7g)은 24칼로리 정도이고 무지방이라 모든 반려동물에게 좋다. 젤라틴의 점도와 재료는 반려동물의 입맛에 맞춘다.

완벽한 젤라틴 점도를 찾아라

젤라틴으로 만드는 간식은 젤라틴의 양을 조절해서 원하는 점도로 맞춤화할 수 있다. 예를 들어, 젤라틴 뼈다귀를 만들 때 부드러운 것을 원하면 젤라틴의 양을 줄이면 된다. 젤라틴을 많이 넣을수록 단단해진다.

젤라틴 그레이비
토퍼로 안성맞춤

1/2컵 분량

육수나 차 1/2컵(142, 149쪽 참조)에
젤라틴 1/2 작은술 넣기

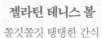

젤라틴 테니스 볼
쫄깃쫄깃 탱탱한 간식

공 1개 분량

육수나 차 1컵에
젤라틴 4큰술 넣기

(실리콘 공 얼음 틀 또는 금속 "배쓰밤" 틀 사용)

젤라틴 젤리
토퍼나 리킹 매트용

1/2컵 분량

육수나 차 1/2컵에
젤라틴 크게 1작은술 넣기

젤라틴 프리스비
행동 풍부화에 좋은 단단한 간식

육수나 차 1컵에
젤라틴 6 ~ 8큰술 넣기

젤라틴 지글러
알약 포켓으로 안성맞춤

분량은 틀의 크기에 따라

육수나 차 1/2컵에
젤라틴 1큰술 넣기

젤라틴 뼈다귀(매우 단단)

젤라틴 뼈다귀는 핥기를 좋아하는 개들에게 행동 풍부화 기회를 제공한다. 완전하고 균형 잡힌 음식이나 토퍼, 땅콩 버터로 안을 채운다(130쪽 사진 참조). 아래와 같이 평소 반려견이 좋아하는 재료를 위에 뿌려서 냉동하면 시원한 여름 간식이 되고 강아지들에게는 맛 좋은 치발기가 된다.

재료:

분량은 뼈 모양 틀에 따라 다름

• 육수 또는 차 1컵에 젤라틴 8 ~ 12큰술 넣기(원하는 점도에 따라)

조리법:

1. 육수 또는 차와 젤라틴을 섞어서 잘 녹인다. 젤리 같은 제형이 될 때까지 놓아둔다. 살짝 기름칠한(코코넛 오일이나 아보카도 오일) 모양 틀이나 보관 용기에 붓고 냉장고에 3시간 동안 넣어둔다. (쿠키 커터처럼) 밑면이 없는 틀을 사용할 때는 젤라틴을 부을 때 꾹꾹 눌러준다. 원하면 잘게 썬 재료나 토퍼를 올린다.

2. 젤라틴을 많이 넣을수록 점도가 높아져서 뼈다귀가 단단해진다. 젤라틴을 섞을 때는 거품기를 이용하고, 틀에 넣을 때는 젖은 손으로 눌러준다.

3. 냉장실에 보관하고 일주일 내에 소비하거나 냉동 보관한다. 해동해서 먹는다.

4. 급여시 옆에서 지켜본다. 평소 한꺼번에 삼키려는 개에게는 뼈다귀로 주지 말고 한입 크기로 잘라서 식사, 간식, 훈련용으로 사용한다.

젤라틴의 다양성: 젤라틴의 점도는 브랜드에 따라, 일반 제품인지 다목적 젤라틴인지, 소 젤라틴 파우더인지, 어떤 액체류(물, 차, 육수)가 들어갔는지 등에 따라 다를 수 있다. 젤라틴 브랜드에 따라 실온의 액체를 사용하는 경우도 있고 뜨거운 액체를 사용해야 하는 경우도 있다. 마지막으로, 특히 소량일 때 더 빨리 굳는 젤라틴도 있다. 라벨을 확인하고 선택한 브랜드로 실험해보자. 적은 양으로 시작해 필요에 따라 늘린다.

장 건강 젤리

재료:

- 젤라틴가루(원하는 점도에 따른 젤라틴 비율은 131쪽 참조.
  생강즙을 사용하는 경우 젤라틴가루 2배 사용)
- 슬리퍼리 엘름 파우더 또는 마시멜로 뿌리가루 1큰술
- 생강가루 1/2작은술(또는 생강즙 1작은술)
- 뜨거운 육수 또는 차 2컵
  (차에 대한 자세한 내용은 149쪽 참조)
- 선택 사항:
  ◦ 활성탄가루 1큰술(반려동물의 설사에 효과적)
  ◦ 프로바이오틱스 캡슐 1개 또는 플레인 케피르 1/8컵
  ◦ 마누카 꿀 또는 로얄젤리 1작은술
  ◦ 연한 잎 알로에 주스 1큰술

조리법:

1. 가루류를 전부 섞는다(프로바이오틱스 캡슐 제외).
2. 뜨거운 육수나 차를 넣고 거품기로 잘 풀어준다
   [액체류의 양을 줄여서 만들 때는 선택적으로 사용되는
   액체류(케피르, 꿀, 젤리, 알로에 주스)의 비율도 줄인다].
3. 식힌 후 프로바이오틱스(캡슐 벗겨서), 꿀, 젤리, 주스,
   케피르 등을 넣어준다.
4. 3시간 동안 냉장 보관해서 젤라틴을 굳힌다.

3장 간식과 토핑

젤라틴 vs 콜라겐: 콜라겐과 젤라틴은 화학 구조는 비슷하지만 특징과 용도는 서로 다르다. 콜라겐은 자연적으로 풍부하게 생성되는 천연 단백질로 피부, 뼈, 연골, 힘줄의 구조를 받쳐준다. 그런가 하면 젤라틴은 긴 콜라겐 섬유를 더 짧고 잘 녹는 단백질 분자로 분해해서 겔 같은 물질로 만든 것이다.

먹는 테니스공

냉장고에 흔한 재료로 만드는 먹을 수 있는 테니스공은 훌륭한 행동 풍부화 장난감이 된다. 놀이 시간이 끝나면 안에 든 맛있고 건강한 음식을 먹을 수 있다.

재료:
1컵짜리 공 1개 또는 1/2컵짜리 공 2개 분량
- 코코넛 오일 또는 아보카도 오일
- 안에 넣을 재료 1/2컵: 과일, 고기, 생선 등
  (무염 육수나 차로도 공을 만들 수 있다)
- 젤라틴가루 4큰술
- 육수나 차 1컵

조리법:
1. 공을 이루는 2개의 반구에 코코넛 오일이나 아보카도 오일을 살짝 발라준다.
2. 반구 2개에 속 재료를 나눠서 넣는다.
3. 볼에 담긴 육수나 차에 젤라틴가루를 넣고 잘 풀어준다. 굳기 시작하도록 놓아둔다.
4. 3을 2의 모양 틀에 나눠서 붓는다.
5. 젤라틴이 흐르지 않고 젤리 제형으로 굳을 때까지 놓아둔다.
   반구 하나를 나머지 하나에 대고 눌러주고 새어 나온 젤라틴은 닦아낸다.
6. 단단하게 굳을 때까지 3시간 냉장 보관한다.
7. 틀에서 공을 꺼낸다.

믹스 & 매치

젤라틴 간식은 선택지가 무한하다. 이 책에서는 온라인으로 구매한 금속 "배쓰밤" 틀과 실리콘 얼음 틀로 "먹는 테니스공"을 만들었지만, 주방에 이미 갖춰진 도구나 반려견의 니즈에 따라 얼마든지 맞춤화할 수 있다. 액체를 담을 수 있는 깨끗한 용기를 사용한다(미니 식빵 틀, 커피 머그컵, 작은 그릇, 머핀 틀 등으로 젤라틴 간식을 만들 수 있다). 냉장고에 들어가기만 하면 된다. 베리류, 씨앗류, 견과류 등 새롭게 먹이고 싶은 재료부터 빨리 써버려야 하는 재료, 채소 자투리, 어제 먹고 남은 건강한 저녁 메뉴 등 뭐든지 사용할 수 있다. 재료는 반려견에게 알맞은 크기로 자른다. 무염 육수에 소금을 한 꼬집 넣어서 사용해도 된다.

여기에서는 테스니공과 같은 비율을 사용했지만, 사용하는 틀의 크기에 따라 안에 들어가는 재료의 양을 늘리거나 줄이면 된다. 재료에 따라 잘 굳으려면 젤라틴을 더 많이 넣어야 할 수도 있다. 결과물이 너무 흐물거리면 리킹 매트에 발라서 먹이고 다음에는 젤라틴 양을 두 배로 늘려 보자!

재료:

- 코코넛 오일 또는 아보카도 오일
- 안에 넣을 채소 또는 과일 또는 고기
  1/4 ~ 1/2컵(육수나 차로만 만드는 것도 가능)
- 매우 단단한 제형을 원하면 젤라틴가루 4큰술,
  좀 더 부드러운 제형은 3큰술 사용
- 육수나 차 1컵(139 ~ 151쪽 참조)
- 선택 사항: 플레인 요거트 또는 케피르 1큰술

조리법:

1. 틀에 코코넛 오일이나 아보카도 오일을 살짝 바른다.

2. 안에 들어갈 재료를 틀에 넣는다.

3. 볼에 담긴 육수나 차에 젤라틴가루를 넣고(원한다면 요거트나 케피르 추가) 잘 풀어준다(젤리 같은 점도가 된다).

4. 과일/채소/고기에 젤라틴을 붓는다.

5. 쿠키 커터처럼 바닥이 뚫린 틀을 사용하는 경우에는 베이킹 트레이에 종이 포일을 깔고 진행한다. 젤라틴을 부을 때 모양이 잘 잡히도록 눌러준다. 냉장고에서 약 4시간 동안 굳힌다. 틀에서 꺼내 반려동물에게 급여한다(옆에서 지켜본다).

프로즌 간식

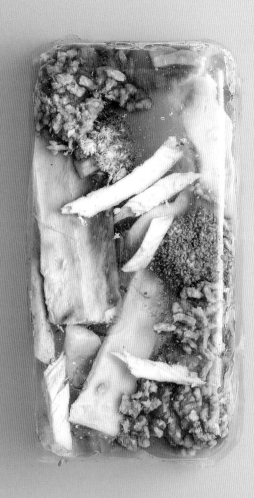

달라붙지 않게 하는 방법: 젤라틴을 떼어
내기가 힘들면 틀을 잠깐 뜨거운 물에 담가
보자. 끈적한 젤라틴이 잘 빠진다.

포에버 액체류

사람들은 몸이 아프거나 마음의 위안이 필요할 때 무엇을 먹는가? 치킨 수프, 차, 스무디, 영양 주스 같은 것을 먹는다. 이런 액체류는 치유와 수분 공급 효과가 있다. 반려동물에게도 이런 음식이 필요하다. 포에버 액체류는 몸에 쉽게 흡수되어 생체 이용도를 높여주는 영양소와 화합물이 가득 들어 있는 고농축 보약과도 같다. 저렴한 방법으로 반려동물의 식사에 장수를 돕는 재료를 추가할 수 있다.

처음에는 체중 4.5kg당 2~4큰술씩 먹인다. 남으면 냉장실에서 5일, 냉동실에서 3개월까지 보관할 수 있다(원한다면 얼음 틀에 얼린다).

뿌리채소 슈퍼 스튜

옵션 1
건더기가 듬뿍 든
수프로 제공

항염증 작용을 하는 유전자를 활성화하는 설포라판이 함유된 순무를 이용하는 영양가 높은 슈퍼 스튜다. 설포라판은 암과 심혈관 생체지표의 속도를 늦추고 염증 감소와 체내 독소 제거 기능도 한다.
건더기가 듬뿍 든 수프로 급여하거나 갈아서 토퍼로 사용해도 된다.

재료:

6~8컵 분량

- 중간 크기 순무 1개(껍질 벗겨서 1 ~ 2.5cm 크기로 깍둑썰어서)
- 중간 크기 파스닙 1개(껍질 벗겨서 1 ~ 2.5cm 크기로 깍둑썰어서)
- 작은 루타바가 1개(껍질 벗겨서 1 ~ 2.5cm 크기로 깍둑썰어서)
- 돼지감자 2 ~ 3개(껍질 벗겨서 1 ~ 2.5cm 크기로 깍둑썰어서)
- 무 1개(껍질 벗겨 1 ~ 2.5cm 크기로 깍둑썰어서)
- 중간 크기 당근 1개 또는 미니 당근 6 ~ 8개(1cm 동전 크기로 썰어서)
- 비트 1개(껍질 벗겨서 1 ~ 2.5cm 크기로 깍둑썰어서)
- 작은 고구마 1개(껍질 벗겨서 1 ~ 2.5cm 크기로 깍둑썰어서)
- 육수(뼈, 닭고기, 소고기, 버섯 등) 4 ~ 8컵 또는 채소가 잠길 만큼
- 선택 사항:
  - 허브 티백(149쪽 참조), 생 허브 2작은술 또는 말린 허브 1작은술 (70쪽 참조), 식힐 때 넣음

조리법:

1. 큰 솥에 모든 채소를 넣고 육수 4컵을 붓는다. 채소가 잠기지 않으면 육수를 추가한다.
2. 끓으면 불을 줄이고 채소가 부드러워질 때까지 약 30분간 끓인다.
3. 스튜가 식는 동안 허브 티백 1 ~ 2개와 생 허브 또는 말린 허브를 넣는다.
4. 스튜가 식으면 티백을 제거한다. 원한다면 부드럽게 으깬다.
5. 슬로 쿠커나 크록팟 사용: 채소와 육수를 넣고 약불에서 8시간 동안 익힌다. 그다음에 허브 티백과 허브를 넣는다. 식으면 티백을 꺼낸다.

옵션 2
갈아서 토퍼로 사용

3장·간식과 토퍼

최고의 뼈 육수

뼈 육수는 관절과 장 건강에 좋은 콜라겐을 공급한다. 따뜻한 상태에서 토퍼로 제공하거나 그대로 수프로 먹일 수도 있는 뼈 육수는 맛은 말할 것도 없고 언제나 몸을 치유하고 마음에 위안을 준다.

재료:

약 8컵 분량

- 뼈 1.36kg(닭뼈, 골수, 지골 등 아무거나)
- 정수된 물 8 ~ 10컵
- 애플 사이다 비니거 2큰술
- 선택 사항:
  - (관절 건강을 위한) 디카페인 녹차 또는 강황
  - 등 근육 부위 또는 지골 부위

    (콜라겐이 많이 함유되어 진득한 육수가 만들어짐. 특히 소고기 힘줄)
  - 닭발 또는 오리발(역시 콜라겐이 풍부해서 진득한 육수가 만들어짐)

조리법:

1. 뼈를 슬로 쿠커에 넣는다. 근육 부위와 발도 사용한다면 같이 넣는다.

   내용물 위로 1 ~ 2.5cm 정도 올라오도록 물을 충분히 붓는다.

   애플 사이다 비니거를 넣는다.
2. 중강불에서 한 시간 동안 끓인 후 약불로 줄인다.

   가끔 작은 기포가 올라올 정도로 약불을 유지한다

   (약불로 서서히 끓이면 국물이 별로 줄어들지 않는다.

   국물이 줄어들면 물을 추가하고 불을 좀 더 낮춘다).
3. 육수를 식힌다. 뼈를 꺼낸 후 깨끗한 유리 용기에 대고 체로 거른다

   (뼈 부스러기까지 제거).
4. 지방을 제거한 후 냉동하거나 급여한다.

슬로 쿠커 조리 시간:

- **닭뼈: 24시간**
- **골밀도 높은 뼈(소고기, 들소, 양고기): 48시간**

치유 효과가 있는 뼈 육수: 뼈 육수는 면역체계를 강화하고 친염증성 사이토카인(면역 및 혈구의 성장을 조절하는 단백질) 발현을 감소시켜 궤양성 대장염을 물리치고 항염증성 사이토카인의 발현을 자극한다.

기본 육수 레시피

맛있고 영양가 있는 육수의 종류는 무궁무진하다. 여기에서는 만들기도 쉽고 반려동물들이 흔히 경험하는 증상을 치료하는 세 가지 레시피를 제공한다. 세 가지 육수 모두 들어가는 재료만 다를 뿐 기본적으로 만드는 방법은 똑같다.

공통 조리법:

6~10컵 분량

1. 레시피를 고른다.
2. 채소와 허브는 잘게 썬다.
3. 모든 재료를 냄비에 넣고 정수된 물을 3리터 붓는다.
4. 뚜껑을 덮고 끓으면 약불로 줄이고 1시간 동안 끓인다. 가끔 저어준다.
5. 불을 끄고 식힌다. 원한다면 티백을 넣고 우린다. 저지방 육수를 원한다면 지방을 걷어낸다.

6. 티백과 뼈를 제거하고 육수를 체로 거른다. 찌꺼기는 퇴비로 사용하거나 버린다. 육수는 유리 용기에 넣어 냉장실에서는 5일, 냉동실에서는 3개월까지 보관 가능하다 (얼음 틀에 넣어 얼려도 좋다).
7. 해동하여 동결건조 식품이나 건조식품을 불릴 때 사용하거나 마른 음식류에 토퍼로 추가하거나 리킹 매트에 발라서 얼려도 된다. 모든 레시피에 물 대신 사용할 수 있다.

속을 편안하게 해주는 육수

재료:

- 가금류 생고기 또는 남은 고기, 양뼈 또는 사슴뼈 또는 소 지골(대개 "수프 뼈"라는 이름으로 판매) 453g
- 펜넬 뿌리 1/2개(위궤양 예방)
- 생강 5cm 크기 1개 (위산 역류와 메스꺼움을 개선하고 위장관 운동 개선)
- 강황 5cm 크기 1개(항염증)
- 민들레잎 또는 돼지감자 1컵 (이눌린 공급원)
- 커민가루 1작은술 (소화효소 활성화, 가스 완화)

- 선택 사항: 생 허브 또는 말린 허브 아무거나 (생 허브가 없으면 허브 티백 2개 사용)
- 레몬밤 1작은술(운동성 조절, 가스 완화)
- 페퍼민트 1작은술(소화불량 개선)
- 카모마일 1작은술(항경련)

뇌에 좋은 육수

재료:

- 간 연어 1컵(신경학적 염증 위험 감소)
- 로즈메리 1큰술(인지 기능 저하 예방)
- 세이지 1큰술(신경 보호)
- 시나몬 스틱 1개 또는 시나몬가루
  1작은술(인지 기능 개선)
- 오레가노 1작은술
  (정신적 행복감 개선)

- 선택 사항: 생 허브 또는 말린 허브 아무거나
  (생 허브가 없으면 허브 티백 2개 사용)
- 샤프란 한 꼬집(신경독소로부터 뇌 보호)
- 통후추 간 것 한 꼬집(신경 퇴행 예방)
- 디카페인 녹차 티백 2개(산화 방지)

면역력 강화 육수

재료:

- 소 골수뼈 1개(또는 소꼬리 3개)
- 영지버섯 1컵(면역계 조절)
- 고수 1큰술(항미생물, 항염증)
- 파슬리 1큰술(해독작용 보조)
- 오레가노 1큰술(항진균성)
- 선택 사항: 생 허브 또는
  말린 허브 아무거나
  (생 허브가 없으면
  허브 티백 2개 사용)

- 마늘 2쪽(항미생물, 면역 조절)
- 차가버섯 5×5cm 크기
- 마누카 꿀 2큰술
  (육수가 완성되고 불에서 내린 후에 추가)

3장 간식과 토핑

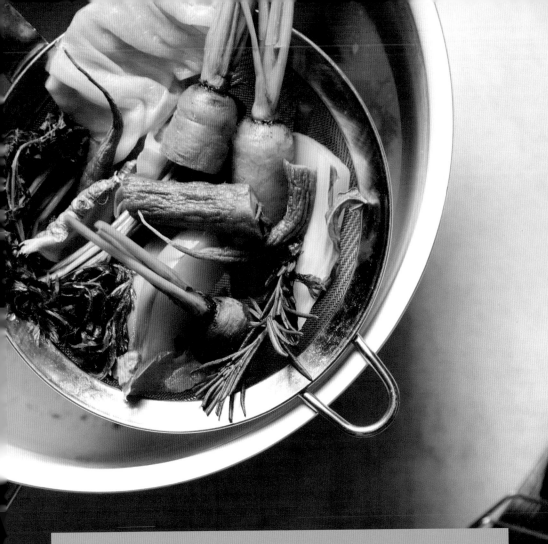

남은 재료로 만드는 장수 육수

다듬고 남은 채소 자투리를 버리지 말고 건강에 도움되는 육수로 만들어보자. 아주 간단하다.

재료:

껍질, 끝부분, 줄기 등 다듬고 남은 채소 자투리

조리법:

1. 큰 냄비에 모든 재료를 넣는다.

2. 재료가 잠길 만큼 물을 넣는다.

3. 끓으면 약불로 줄여서 30분 동안 끓인다.

4. 선택 사항: 불을 끈 후 원하는 티백(149쪽 참조)을 넣고 우리면
   영양가가 올라간다. 육수가 완전히 식으면 티백을 꺼낸다.

빠르고 쉬운 저히스타민 뼈 육수

히스타민은 면역세포가 알레르기 유발인자에 반응하여 자연적으로 만들어지는 화합물이다. 반려견이 몸을 가려워하거나 피부에 자극이 생기거나 눈을 긁는다면 히스타민 때문이다. 뼈에도 히스타민이 많이 들어 있는데 오래 조리할수록 많이 배출된다. 반려견이 히스타민에 과민 반응할 수도 있으므로, 모든 뼈 육수는 일정 시간 동안만 끓여 히스타민 수치를 낮게 유지한다.

거르지 않은
애플 사이다 비니거
1큰술

십자화과 채소 1/2컵
(방울다다기양배추, 케일, 양배추 등,
잘게 썰어서)

고수 1/2컵
(잘게 썰어서)

파슬리 1/2컵
(잘게 썰어서)

약용 버섯 1/2컵
(잘게 썰어서)

마늘 4쪽(잘게 다져서)

히말라야 소금 1찍은술

닭 한 마리
또는 남은 부위
(양파가 들어가지 않은 것)
또는 수프 뼈 아무거나

선택 사항:
티백 4개
[디카페인 녹차 또는 홍차,
버섯차(차가버섯, 영지버섯 등),
카모마일, 바레리안, 라벤더,
홀리 바질, 민들레, 오레가노 잎 등]

조리법:

1. 큰 냄비에 닭 한 마리 또는 남은 부위를 넣고 재료가 완전히 잠길 정도로 물을 붓는다.

   나머지 재료도 넣는다.

2. 뚜껑을 덮고 끓으면 약불로 줄여서 약 4시간 동안 끓인다.

3. 불을 끈다. 원한다면 티백 4개를 넣는다.

4. 티백을 10분간 우리고 냄비에서 꺼낸다.

5. 고기를 전부 꺼내고 뼈는 버린다(고기는 다시 육수에 넣는다).

6. 핸드 믹서로 고기, 채소, 육수를 그레이비 비슷한 제형으로 갈아준다.

   일반 믹서를 사용할 때는 육수가 완전히 식은 후에 조금씩 나눠서 한다.

7. 얼음 틀이나 실리콘 틀로 소분해서 냉동한다.

면역력에 좋은 버섯 육수

베타글루칸이 풍부한 버섯 육수는 면역력을 강화하는 최고의 식품이다. 아무 향신료나 괜찮지만 강황가루와 생강을 사용하면 더 좋다. 향신료를 넣지 않아도 괜찮다.

재료:
- 약용 버섯 2컵(썰어서)
- 무염 버터 1큰술
- 물, 육수 또는 허브차 6컵
- 선택 사항: 허브 또는 향신료 1큰술
  (반려동물의 건강과 상태에 따라 선택 —70쪽 참조)

조리법:
1. 버터에 버섯을 넣고 약불에서 숨이 죽을 때까지 볶는다.
2. 물, 육수 또는 차를 넣는다.
3. 원한다면 허브나 향신료를 추가한다.
4. 3~5분간 끓인다.
5. 적당히 식힌다.
6. 핸드 믹서나 일반 믹서로 갈아준다
   (필요한 경우 나눠서 진행).
7. 따뜻하게 또는 차갑게 제공한다.

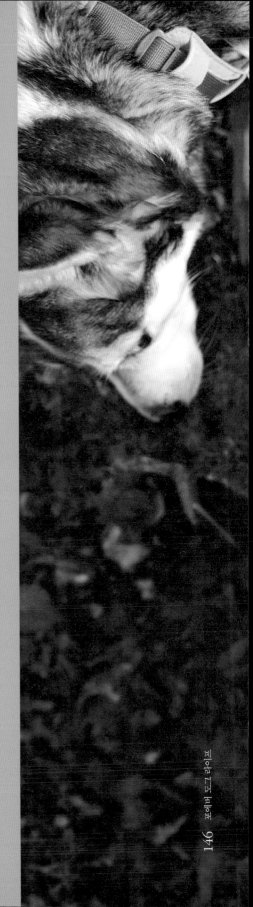

소중한 표고버섯: 이 레시피에는 아무 버섯이나 사용해도 되지만 특히 표고버섯을 추천한다. 표고버섯에는 위암을 효과적으로 치료할 수 있는 렌티난이라는 탄수화물 성분이 들어 있다. 실제로 일본에서는 위암 치료제로 승인되기도 했다. 렌티난에는 인간과 동물에게 피부, 방광 폐암을 유발하는 (자동차 배기가스, 연기 및 연소 연료에서 발견되는) 환경 독소 벤조[a]피렌으로 인한 세포 손상을 줄여주는 효과도 있다.

생강 강황 그레이비

이 향긋한 그레이비는 뇌 건강에 좋고 시나몬이 들어가 심장에도 이롭다. 개들에게 시나몬을 먹일 생각을 미처 못하는 경우가 많지만, 시나몬이 개들의 심장 기능과 혈압(심장 건강의 중요한 척도)을 개선한다는 연구 결과가 있다.

재료:

- 강황가루 1작은술
- 생강가루 1/2작은술
- 코코넛 오일 또는 올리브 오일 1큰술
- 시나몬가루 약간
- 뜨거운 물이나 육수 또는 차 1/3컵

조리법:

1. 액체를 제외한 4가지 재료를 전부 섞는다.
2. 뜨거운 액체를 넣고 잘 섞은 후 식힌다.

급여 방법: 체중 **9kg**당 **1**큰술
한 번에 또는 나누어 급여한다.

차에 대한 모든 것

이론적으로 동물들은 수천 년 동안 차를 마셔왔다. 식물이나 나무의 잎이 물웅덩이로 떨어지면 그게 곧 차였다. 차가운 차는 식물의 가장 탁월한 약효를 개나 고양이에게 직접 전달하는 경제적이고도 효과적인 방법이다. 차는 폴리페놀이 풍부한 저렴한 토퍼("그레이비")가 된다. 항산화제와 식물성 생리활성물질을 매끼 먹일 수 있다.

차의 종류

- **디카페인 녹차와 홍차:** 강력한 항염증, 항산화, 면역 작용을 하는 생리활성물질이 풍부하다. 녹차의 뇌 기능 강화, 암 예방, 심장질환 예방 효과는 오래전부터 증명되었다. 녹차와 홍차에는 모두 카테킨이 만드는 산화 방지 분자 아플라빈이 풍부하며, 몸의 스트레스를 완화하는 진정 아미노산 L-테아닌이 들어 있다.
- **허브차:** 다양한 허브를 우려서 마시는 허브차는 모두 자연적인 디카페인 성분이며 각각의 약효에 따라 몸과 마음에 여러모로 이롭다. 건강 식품점에서 쉽게 구할 수 있는 루이보스(아프리카 홍차), 로즈힙, 시계초, 바레리안("슬리피 타임")차 외에도 개박하, 페퍼민트, 히비스커스, 세이지, 에키나시아, 레몬버베나, 레몬밤, 레몬그라스, 린덴플라워, 금잔화, 바질, 펜넬 등 직접 기른 신선한 허브를 우려 반려동물에게 먹일 수 있다.

조리법: 끓인 물 약 237ml에 차를 넣는다. 5~10분 동안 우린다(처음에는 순한 차를 짧게 우려서 준다). 다음처럼 몇 가지를 섞어서 우려도 된다.

급여 방법: 체중 4.5kg당 하루 28~56g 한 번에 또는 나누어 급여한다.

심신을 진정시키는 차
- 말린 카모마일 1/2작은술
- 말린 홀리 바질(툴시) 1/2작은술
- 말린 레몬밤 1/2작은술

장 건강을 생각하는 차
- 말린 페퍼민트 잎 1/2작은술
- 말린 펜넬씨드 1/2작은술(살짝 으깨서)
- 마른 마시멜로 뿌리*Althaea officinalis* 1/2작은술
- 선택 사항: 생강가루 1/16작은술 또는 얇게 저민 생강 2조각

디톡스 차
- 말린 민들레(모든 부위) 1/2작은술
- 말린 우엉 1/2작은술
- 말린 치커리 뿌리 1/2작은술

인지 기능 개선에 좋은 차
- 말린 세이지 또는 말린 로즈메리 1/2작은술
- 말린 히비스커스꽃 1/2작은술
  (임신한 반려동물은 피할 것)
- 강황가루 1/2작은술
- 선택 사항: 시나몬 스틱 1개

장 건강을
생각하는 차

디톡스 차

인지 기능
개선에 좋은 차

심신을
진정시키는 차

반려견 약초 전문가 리타 호건이 제안하는 여러 가지 민들레차도 훌륭하다.

생 민들레잎 또는 생 꽃차

- 물 237ml
- 생 민들레잎 또는 생 꽃잎 2큰술

1. 물을 끓인다.
2. 민들레잎을 넣는다.
3. 5~10분 정도 우린다.

민들레 생 뿌리차

- 물 2컵
- 민들레 생 뿌리 2큰술(작게 잘라서)

1. 물을 끓인다.
2. 민들레 뿌리를 넣는다.
3. 불을 줄이고 30분간 우린다.

말린 민들레잎 또는 말린 꽃차

- 물 237ml
- 말린 민들레잎 또는 말린 꽃잎 3/2큰술

1. 물을 끓인다.
2. 민들레잎을 넣는다.
3. 10~15분 정도 우린다.

말린 민들레 뿌리차

- 물 2컵
- 말린 민들레 뿌리 1큰술(작게 잘라서)

1. 냄비에 물을 넣고 끓인다.
2. 민들레 뿌리를 넣는다.
3. 불을 줄이고 30분간 우린다.

급여 방법:

잎차 또는 꽃차: 체중 4.5kg당 1/4컵

뿌리차: 체중 4.5kg당 1/8컵

하루에 두 번 음식에 부어준다.

151 3장 간식과 보약

완전하고 균형 잡힌 식사

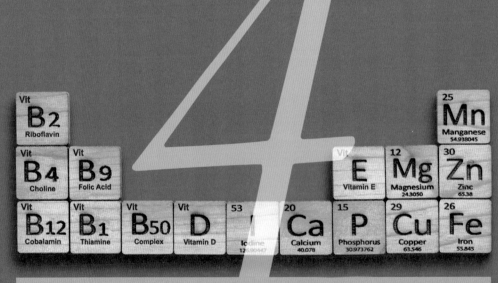

이 코드를 스캔하거나 www.foreverrecipes.com을 방문해 이 장에서 소개하는 균형 잡힌 식사 레시피의 400개가 넘는 변형 버전을 만나보자.

반려동물이 먹을 음식을 직접 만들어주면 사랑하는 개와 고양이의 입으로 무엇이 들어가는지 정확하게 알 수 있다. 음식이 언제 만들어졌는지, 어떤 재료를 사용했는지. 가장 중요한 것은 반려동물이 영양가 있는 음식을 먹고 있다는 사실을 알 수 있다는 점이다.

지금까지도 그랬고 앞으로도 우리가 추천하는 방법은 일정과 예산이 허락하는 한도 내에서 신선식을 먹이라는 것이다. 이 책의 식사 레시피들은 유연성을 고려해 만들어졌다. 반려동물의 음식을 하나부터 열까지 전부 직접 만들어 먹이든, 예비로

조금 만들어 냉동실에 얼려두든 유연하게 활용할 수 있다. 무궁무진한 영양 다양성을 시도할 수 있는 영양적으로 완전한 식사 레시피가 제공된다. 이 완전하고 균형 잡힌 레시피들은 건식 사료에 토퍼로 추가하거나 평소 먹는 식사에 섞어주거나 일주일에 몇 번만 식사로 제공해 영양을 보충해주는 용도로 사용할 수 있고, 100% 신선식으로 바꾼 식단에도 사용할 수 있다. 어떤 방법을 선택하든, 반려동물에게 맛있고 영양가 있는 가정식을 먹이겠다는 마음이 들도록 영감과 아이디어를 주는 것이 이 책의 목표다.

이 책의 완전하고 균형 잡힌 레시피들은 어떻게 다른가?

수의사들이 반려동물에게 집에서 만든 음식을 먹이는 것을 만류하는 가장 큰 이유는 보호자들이 하루 최소한의(바람직하게는 최적의) 영양 필요량을 충족하도록 설계된 레시피를 따르지 않기 때문이다. 그러나 이 책의 완전하고 균형 잡힌 레시피들은 미국과 유럽의 반려동물 사료 영양 필요량을 준수해 반려동물들의 니즈를 충족한다(성묘 식단에서 아이오딘과 인 수치 최소화를 위한 별도의 언급이 있는 경우 제외).

이 책의 목표는 자연식품(whole food, 가공식품이 아닌 자연 그대로의 식품 — 옮긴이)을 이용하고 보충제를 추가해 서서히 익히거나 생식으로 제공할 수 있는 쉽고 간

단한 반려동물용 식사 레시피를 제공하는 것이다. 과일과 채소의 다양한 조합도 만나볼 수 있는데 다양한 아이디어를 주기 위해서이니 당황하지 말길! 영양소가 다양한 음식을 제공할수록 반려동물의 몸과 장이 건강해진다. 그 증거가 있다. 유명한 미국인 장 프로젝트American Gut Project 연구진에 따르면 일주일에 30가지 이상의 식물을 소비하는 사람은 10가지 미만을 섭취하는 사람보다 미생물 군집이 훨씬 더 다양하다(위장 스트레스를 유발하지 않도록 새로운 음식을 너무 빠른 속도로 주지 말아야 한다는 사실만 기억하자).

여기에서 소개하는 영양학적으로 완

전하고 균형 잡힌 식사 레시피는 여러분이 지금까지 사용한 가정식 레시피들과 다를 것이다. 다양한 활동 수준을 고려해 설계되었기 때문이다. 예를 들어, 매우 활동적인 체중 4.5kg 개는 체중이 똑같고 비활동적인 개보다 더 많은 칼로리가 필요하지만, 비타민과 미네랄 필요량은 똑같다. 이 책의 레시피들은 생애 주기도 고려한다. 이를테면 강아지와 고양이의 성장 단계에 따른 레시피를 소개한다. 삶의 모든 단계에서 반려동물에게 이상적인 영양을 제공하고자 함이다. 하지만 400가지가 넘는 변형 레시피를 책에 전부 수록하는 것은 불가능하고 그럴 필요도 없을 것이다. 그래서 다수의 레시피를 웹사이트에 수록했다. 마음에 드는 레시피가 강아지를 위한 레시피인데, 여러분의 반려견이나 반려묘는 거의 하루 종일 누워만 있는 비활동적인 노견이라면 www.foreverrecipes.com를 방문해 반려동물에게 적합한 변형 레시피를 찾으면 된다.

레시피와 급여 방법은 어떻게 만들어졌을까: 레시피 공식의 세부 사항에 관심 있는 사람이라면 이 부분을 꼭 읽어야 한다. 이 장의 레시피들은 유럽반려동물식품산업연맹(FEDIAF)의 최신 영양 섭취 권장량을 준수한다. 이 권장 섭취량은 개와 고양이의 생애 단계를 고려하고 활동성과 칼로리 섭취에 따른 대사량을 충족하며 일일 대사량으로 추정한 FEDIAF의 최대 영양 섭취량을 초과하지 않는다.

이 장의 레시피들은 공식 변환 소프트웨어 ADF(Animal Diet Formulator)를 이용해 만들어졌다. ADF는 USDA(미국 농무부)와 검증된 국제 식품 데이터를 합쳐서 각종 재료의 종합적인 영양 데이터베이스를 구축하는데, 현직 수의사, 공인 수의영양학자, 공인 펫푸드 제조업체, 기타 전문가들의 협력으로 FEDIAF와 AAFCO(미국사료관리협회)의 최신 가이드라인을 이용한다. 이 레시피들은 2021 FEDIAF 가이드라인을 사용했으며 모든 레시피는 성묘의 인 수치를 제외하면(더 낮은 FEDIAF 기준 채택) 2021 AAFCO 가이드라인도 충족한다. 성묘용 레시피에는 모두 가장 낮은 아이오딘 권장량(AAFCO)이 적용되었다.

모든 레시피의 공식은 앳워터Atwater에서 다음의 대사량 승수(K 인자)를 이용해 열량 기준으로 변환했다. 성견 110, 활동성이 덜한 개 85. 성장기견의 급여 지침에는 NRC 2006 38~39쪽, 표 15-2를 토대로 K 인자 210(초기 성장기), 175(중기 성장기), 140(후기 성장기)이 사용되었다. 성묘와 성장기 고양이의 급여 지침은 FEDIAF 표 VII-9, VII-10을 따랐다. 고양이 K 인자: 52(활동성 낮음), 75(실내 성묘), 100(실외 성묘), 169(초기 성장기), 141(중기 성장기), 113(후기 성장기). 조리시의 영양소 손실은 USDA의 보존율을 적용했다. 레시피 공식에 관한 더 자세한 정보는 www.foreverdog.com을 참고하라.

생애 주기와 활동성에 따른 급여

반려동물의 생애 주기 또는 생애 단계는 성장기견, 성견, 활동적이지 않은 성견, 성장기묘, 성묘, 활동적이지 않은 성묘로 구분한다. 반려동물의 생애 주기와 활동성을 고려해 적합한 레시피를 선택하면 된다.

- **성장기견 레시피**는 강아지(아직 성견이 되지 않은 성장기의 강아지)의 필수 영양소 요구량을 충족하도록 만들어졌다. 성장기 식단은 초대형 강아지를 포함해 모든 견종에 적합하다. 157~159쪽의 급여 지침에 명시된 것처럼 강아지의 현재 상태를 고려해 초기, 중기, 후기 성장기에 따라 급여량을 조절해야 한다.

- **성견 레시피**는 매일 1~3시간씩 활동하는 개들에게 적합하다. 하루에 적어도 한 시간 동안 활발하게 산책하거나 일주일에 여러 번 주인과 함께 조깅이나 하이킹을 하거나 집 안의 다른 개나 아이들과 지속적으로 놀거나 상호작용하거나 추운 날씨에 하루에 몇 시간씩 밖에 있거나 땅을 파거나 울타리를 따라 계속 달리거나 하는 활동이 포함된다. "활동적인 개" 급여 지침을 따른다. (하루 종일 움직이거나 달리는) 극도로 활동적인 개는 성견 레시피와 "활동적인 개" 급여 지침을 따르고 필요하다면 급여량을 늘려서 건강한 몸 상태를 유지한다.

- **활동적이지 않은 성견 레시피**는 하루 활동량이 한 시간 미만(느릿느릿 동네 산책 등)인 주로 누워 있거나 집 안팎을 활발하게 돌아다니기보다 쉬는 것을 선호하는 노견을 위한 것이다. 반려견이 활동적이지 않은 성견이라면 "활동적이지 않은 개" 급여 지침을 따라야 한다.

- **성장기묘 레시피**는 어린 고양이(아직 성견이 되지 않은 성장기의 고양이)의 필수 영양소 요구량을 충족하고 모든 품종에 적합하다. 157~159쪽의 급여 지침에 명시된 것처럼 고양이의 현재 상태를 고려해 초기, 중기, 후기 성장기에 따라 급여량을 조절해야 한다.

- **성묘 레시피**는 인 성분은 FEDIAF, 아이오딘 성분은 AAFCO의 가이드라인을 따른다. 성묘는 시간이 지남에 따라 이 미네랄들을 최소량만 섭취하는 것이 이롭기 때문에 두 가지 모두 최소 요구량을 선택했다. 야외묘 또는 활동적인 실내묘은 성묘 레시피를 이용하고 "야외 성묘" 급여 지침을 따른다. 필요하다면 추운 계절에는 급여량을 늘려서 건강한 몸 상태를 유지한다.

- **활동적이지 않은 성묘**는 하루에 놀거나 움직이는 시간이 한 시간 미만이다. 이 고양이들은 나이가 많아서 하루의 대부분을 쉬거나 자면서 보낼 수도 있다. "활동적이지 않은 성묘" 급여 지침을 따른다.

레시피마다 다른 음식의 양: 모든 레시피에는 저마다 칼로리와 무게가 다른 재료들이 들어가므로 반려동물에게 주는 음식의 양도 레시피마다 달라진다. 활동성이나 체중에 변화가 일어나지 않는 한, 급여량은 레시피마다 한 번만 계산하면 된다.

4장 원천하고 균형 잡힌 식사

캐런은 1993년 수의대 입학 첫날에 수전 레커를 만났다. 그 후로 두 사람은 지금까지도 끈끈한 우정을 이어오고 있다. 수전은 이 책의 완전하고 균형 잡힌 식사 레시피들의 다양한 주제와 식품 개요에 중요한 역할을 했다. 레커 박사의 가장 큰 관심사는 가족, 동물, 음식(요리 실력도 대단하다)이다. 그녀는 음식이 강력한 약이 될 수 있다고 믿는다. 맛있고 영양가 있는 식단과 레시피를 만드는 그녀의 능력은 그녀의 고객과 환자들에게(친구와 가족들에게도) 무척 소중하다. 소동물 임상의이자 연구자인 그녀는 수의사들이 ADF로 영양학적으로 완전한 식단을 만들도록 도와주기도 한다. ADF는 가장 광범위한 국제 식품 성분 데이터베이스이자 가장 포괄적인 펫푸드 공식 변환 도구다.

스티브 브라운은 30년 동안 영양학적으로 완전한 육류 기반의 펫푸드를 만들었고 이 책의 레시피가 만들어지는 데도 큰 역할을 했다. 그는 1999년에 미국 시장에 새로운 펫푸드 카테고리를 소개했다. 영양적으로 균형 잡힌, 최소로 가공된 신선식품이었다. 그것은 곧바로 펫푸드 업계에서 가장 빠르게 성장하는 분야가 되었다. 나아가 그는 동물 식단 포뮬레이터, 즉 ADF를 개발했다. 이 책의 레시피에도 ADF가 사용되었다.

얼마나 먹여야 할까?

다음의 방법으로 하루 급여량을 계산할 수 있다.

1. 반려동물의 생애주기와 활동성을 고려한다(155쪽 참조).
2. 체중을 잰다.
3. 다음 페이지의 급여 지침 차트를 참조해 하루에 몇 칼로리가 필요한지 확인한다.
4. 숫자를 적는다.
5. 완전하고 균형 잡힌 레시피를 이용할 때는 칼로리가 1g당 명시되어 있음을 확인한다.
   반려동물의 1일 필요 열량을 음식의 1g당 칼로리로 나누면 얼마나 먹여야 하는지 알 수 있다. 예를 들어, 활동적이지 않은 13.6kg(30파운드) 개는 차트에 따르면 하루에 603칼로리가 필요하다. 아르헨티니언 치미추리 비프 레시피는 1g당 1.55칼로리다(1온스당 44칼로리).

$$603 \div 1.55칼로리 = 389g(1일)$$

6. 이 양과 칼로리를 하루에 걸쳐 급여한다. 대부분의 반려동물에게는 하루 1 ~ 2회 식사, 강아지는 3회에 해당할 것이다. 고양이들은 6 ~ 8회에 걸쳐 조금씩 먹는 것을 선호한다.

활동성에 따른 성견의 칼로리 요구량

활동적이지 않은 성견

체중 (lbs)	체중 (kg)	1일 칼로리
3	1.4	107
5	2.3	157
10	4.5	264
15	6.8	358
20	9.1	445
30	13.6	603
40	18.2	748
60	27.2	1014
80	36.3	1260
100	45.4	1490
120	54.5	1700

활동적인 성견

체중 (lbs)	체중 (kg)	1일 칼로리
3	1.4	139
5	2.3	203
10	4.5	342
15	6.8	464
20	9.1	575
30	13.6	780
40	18.2	968
60	27.2	1312
80	36.3	1625
100	45.4	1925
120	54.5	2200

성장 단계에 따른 성장기견의 칼로리 요구량

초기 성장기견
(성견 체중의 50% 미만)

체중 (lbs)	체중 (kg)	1일 칼로리
1	0.45	116
3	1.4	265
5	2.3	388
10	4.5	653
15	6.8	885
20	9.1	1098
30	13.6	1490
40	18.2	1847
60	27.2	2500
80	36.3	3100
100	45.4	3675
120	54.5	4200

중기 성장기견
(성견 체중의 50 ~ 80%)

체중 (lbs)	체중 (kg)	1일 칼로리
1	0.45	97
3	1.4	221
5	2.3	324
10	4.5	544
15	6.8	738
20	9.1	915
30	13.6	1240
40	18.2	1540
60	27.2	2090
80	36.3	2590
100	45.4	3060
120	54.5	3500

후기 성장기견
(성견 체중의 80% 이상)

체중 (lbs)	체중 (kg)	1일 칼로리
1	0.45	77
3	1.4	177
5	2.3	259
10	4.5	435
15	6.8	590
20	9.1	732
30	13.6	933
40	18.2	1232
60	27.2	1670
80	36.3	2070
100	45.4	2450
120	54.5	2800

활동성에 따른 성묘의 칼로리 요구량

실내 성묘 (활동적이지 않음)			실내 성묘 (활동적)			야외 성묘 (매우 활동적)		
체중 (lbs)	체중 (kg)	1일 칼로리	체중 (lbs)	체중 (kg)	1일 칼로리	체중 (lbs)	체중 (kg)	1일 칼로리
3	1.4	64	3	1.4	92	3	1.4	123
5	2.3	90	5	2.3	130	5	2.3	173
7	3.2	113	7	3.2	163	7	3.2	217
9	4.1	134	9	4.1	193	9	4.1	257
11	5.0	153	11	5.0	220	11	5.0	294
13	5.9	171	13	5.9	247	13	5.9	329
15	6.8	188	15	6.8	271	15	6.8	362
18	8.2	213	18	8.2	305	18	8.2	410

성장 단계에 따른 성장기묘의 칼로리 요구량

초기 성장기묘 (~ 생후 4개월)			중기 성장기묘 (생후 4 ~ 9개월)			후기 성장기묘 (생후 9 ~ 12개월)		
체중 (lbs)	체중 (kg)	1일 칼로리	체중 (lbs)	체중 (kg)	1일 칼로리	체중 (lbs)	체중 (kg)	1일 칼로리
1	0.45	100	1	0.45	82	1	0.45	66
3	1.4	208	3	1.4	173	3	1.4	138
5	2.3	293	5	2.3	244	5	2.3	195
7	3.2	366	7	3.2	305	7	3.2	244
9	4.1	434	9	4.1	360	9	4.1	290
11	5.0	496	11	5.0	413	11	5.0	330
15	6.8	610	15	6.8	510	15	6.8	407

정확한 양을 급여하려면 반려동물의 체중을 매달 측정해야 한다. 과체중이어서 다이어트 중이라면 원하는 체중에 도달할 때까지 매주 체중을 잰다. 한 달에 체중의 1~2%를 빼는 게 안전하다. 일주일에 체중의 0.5% 이상 빠지면 안 된다.

마지막으로, 항상 음식의 무게를 잰다. 먼저 주방 저울로 정확하게 잰 다음 계량컵이나 원하는 스푼에 옮긴다. 하루에 두 번 먹이는가? 하루 급여량을 두 번으로 나눠서 먹인다. 식사의 일부를 리킹 매트나 장난감에 사용하고 싶다면? 하루 섭취량을 원하는 대로 소분하면 된다!

주식을 바꾸는 방법

위장관에 문제가 생기는 것을 막으려면 한 번에 식단을 몽땅 바꾸지 말고 점진적으로 새로운 식단을 접하게 해주어야 한다. 새로운 식단 계획을 위해 반드시 고려할 부분이 있다. 반려동물의 식단에 신선식을 얼마나 추가할 것인가? 매일? 아니면 일주일에 몇 번? 바로 답할 필요는 없다. 일단 반려동물의 식단에 신선한 음식을 추가하면 생각보다 간단해서 더 자주 할 수 있겠다는 생각이 들지도 모른다.

다음의 단계대로 하면 변화가 수월하게 이루어질 수 있다.

- **1단계:** 완전하고 균형 잡힌 식사 레시피를 하나 요리한다. 반려동물의 위가 민감하면 단백질 수준이 평소 먹는 것과 비슷한 레시피를 선택하는 게 좋다 (만약 현재 소고기 사료를 먹고 있다면 소고기를 이용한 레시피를 선택한다.)
- **2단계:** 현재 식사량의 10%를 새로운 가정식으로 대체한다. 잘 섞어서 준다. 변을 확인한다. 일부 고양이와 까다로운 개들은 더 적은 5% 정도만 새로운 음식으로 바꾼다.
- **3단계:** 새로운 음식이 원하는 비율만큼 늘어날 때까지 계속 기존 식사의 10%를 새로운 음식으로 준다.

일부 재료에 대하여

여기에서 소개할 레시피들에는 대부분 간단한 재료가 들어가지만(소고기, 달걀, 허브, 버섯, 각종 채소 등) 근처 슈퍼마켓에서 쉽게 구할 수 없는 것들도 있을 수 있다. 모두 반려동물에게 중요한 영양 성분을 제공하기 위해 포함되었다. 하지만 걱정할 필요는 없다. 야생으로 나가 식물을 캐오거나 희귀한 이국적인 재료를 구해야 하는 건 아니니까 말이다. 건강식품 매장을 방문하거나 온라인 쇼핑을 해야 할 수는 있다. 그 이유는 다음과 같다.

- **골분:** 성장기의 개와 고양이들은 칼슘과 인을 공급해주어야 하는데, 반려동물에게 안전하지 않은 비타민들과 미네랄(예: 인간 기준의 비타민 D와 구리 용량)이 든 보충제가 많다. 이 책의 레시피는 천연 식품인 뼈를 통해 개와 고양이에게 칼슘과 인을 제공하는 방법으로 문제를 해결한다. 식용 등급의 골분은 살균을 거쳐 인수공통 감염병 위험을 제거했고 오염 물질과 관련한 인증도 받으며(순도 시험) 건강식품 매장이나 온라인에서 쉽게 구할 수 있다. 원예 용품점에서 파는 골분은 식용으로 승인되지 않았으므로(오염 물질 검사도 거치지 않았다) 구매하지 않는다. 다른 첨가물 없이 칼슘 성분 28~30%, 인 성분 12~13%가 함유된 제품을 선택한다.

- **달걀 껍질 칼슘 파우더:** 대개 성견과 성묘용 레시피는 인을 보충할 필요가 없으므로 DIY 달걀 껍질 칼슘 파우더(탄산칼슘)가 안성맞춤이다. 만드는 방법은 52쪽에 나와 있다. 직접 만들지 않을 경우에는 시판 탄산칼슘 보충제(달걀 껍질 파우더와 동일한 양)를 사용하면 된다.

- **영양 효모:** 영양 효모는 비타민 B1, B2, B6, B12를 제공한다. 면역계에 이로운 수용성 식이 섬유 베타글루칸도 풍부하고 항종양과 항비만 작용을 하며 뼈 재생 효과도 있다. 영양 효모는 제빵이나 양조 효모와 달리 불활성 상태라서 살아 있지 않다(복제 불가능). 그래서 반려동물에게 효모 문제를 일으킬 수 없다.

- **피시 오일:** 레시피에 피시 오일이 들어가는 이유는 반려동물의 DHA와 EPA 오메가-3 요구량을 충족하기 위함이다. 원하는 EPA/DHA 공급원을 사용하면 된다(27쪽 참조).

골분과 생뼈에 대하여: 반려동물에게 생식을 먹이는 베테랑 보호자들은 뼈가 포함된 분쇄육(또는 분쇄되지 않은 상태로)을 먹이는 경우가 많다. 하지만 생뼈가 모든 개와 고양이에게 적합한 것은 아니므로 여기에서는 보충제로 칼슘과 인 요구량을 충족한다. 익힌 뼈는 종류를 불문하고 절대 먹이면 안 된다.

탄산칼슘에 대하여: 탄산칼슘은 칼슘 원소가 가장 많이 들어 있어서 사람이 먹는 가장 보편적인 형태의 칼슘 보충제다. 구연산 칼슘(칼슘 함량이 20% 정도로 낮다)보다 월등하다. 따라서 레시피에서 탄산칼슘을 사용하면 필요한 칼슘 파우더의 양이 훨씬 줄어든다. 가장 저렴한 형태의 칼슘이기도 하다. 탄산칼슘의 단점이 있다면 최적의 흡수를 위해서 강한 위산이 필요하다는 것이다. 하지만 육식동물의 위는 자연적으로 산성이 강해서 탄산칼슘을 잘 흡수하므로 안성맞춤이다.

레시피의 재료를 바꾸거나 생략할 수 있을까? 권장하지 않는다. 레시피에 들어가는 재료를 바꾸거나 생략하면 영양 성분 함량이 바뀌어 영양 불균형으로 이어질 수 있다. 허브처럼 아주 적은 양이 들어가는 재료들도 중요한 특정 영양소 또는 건강상의 이점을 제공하기 위해 포함되었다. www.foreverdog.com에서 모든 레시피의 영양소 함량을 확인할 수 있다. 하지만 몇몇 레시피에는 완전함과 균형을 그대로 유지할 수 있는 대체 재료가 표시되어 있다. 결과물의 분량과 칼로리는 원래 재료를 사용하는 경우와 똑같다. www.foreverdog.com에서 대체 재료를 사용할 때의 칼로리 정보를 확인해보자.

어떤 재료들이 레시피에서 자주 보이는 이유가 무엇인지, 어떤 재료가 왜 들어가는지 궁금할 수도 있다. 다음을 참고하자.

- **달걀:** 달걀은 콜린과 생체 이용 가능한 아미노산의 풍부한 공급원으로 사용된다. 레시피에서 달걀의 양을 줄이면 콜린 결핍으로 이어질 수 있다.

- **허브와 향신료:** 허브와 향신료는 극미량의 미네랄 요구량, 특히 망간과 마그네슘을 충족하기 위해 사용된다.

- **굴:** 굴은 아연 요구량을 충족시키기 위해 사용된다. 물에 담긴 굴 통조림은 슈퍼마켓에서 쉽게 구할 수 있다. 굴 대신 아연 보충제를 사용하고 싶다면, 굴 28g(1온스) = 아연 보충제 10mg

- **소금:** 소금은 식단에 필수적인 전해질 균형에 필요한 미네랄이다. 일반 소금을 사용해도 된다. 시중에 아이오딘이 많이 든 제품도 흔하지만, 장기적으로 아이오딘 보충이 필요하지 않은 성묘에 이상적이지 않다. 고화 방지제가 첨가되지 않고 미네랄이 풍부한 히말라야 (핑크) 소금이 좋다.

완전하고 균형 잡힌 식사를 위한 재료 준비

주방 경력이 오래된 베테랑도 있겠지만 칼질을 거의 해보지 않은 초보도 있을 것이다. 이 레시피들은 최소한의 준비 작업이 필요하고 특별한 요리 기술도 요구하지 않는다. 기본적으로 반려동물의 음식을 준비하는 과정은 인간이 먹는 음식을 준비하는 과정과 다르지 않다.

예를 들어, 자르기, 다지기, 깍둑썰기, 채 치기는 손으로 해도 되고 푸드 프로세서나 믹서를 사용할 수도 있다. 푸드 프로세서는 재료를 가장 빠르게 다져준다. 생강이나 강황, 마늘, 크랜베리, 생 허브처럼 강력한 효능을 가진 재료들은 맛이 제대로 나고 폴리페놀과 플라보노이드 성분이 균등하게 퍼지려면 좀 더 오래 다져주어야 할 것이다.

고양이와 소형견, 입맛이 까다로운 개나 고양이는 부드러운 식감을 위해 육류를 분쇄하거나 아주 잘게 다져야 한다. 좀 더 덩치가 큰 개들은 큼직하게 썬 고기를 잘게 다지거나 으깬 채소와 섞어 주어도 잘 먹는다. 반려동물들은 가정식에 익숙해질수록 큼직한 고기와 채소, 과일도 잘 먹고 선호할 것이다. 당연히 이빨이 없는 경우에는 최대한 작은 크기로 줘야 한다. 삼키기 쉽도록 걸쭉한 퓌레와 섞어주는 보호자

큼직하게 썰기

작게 썰기

다지기

갈기(퓌레)

들도 많다. 가장 좋은 방법은 변에 소화되지 않은 재료가 있는지 확인하는 것이다. 소화되지 않은 재료가 있다면 다음번에는 좀 더 작은 크기로 주자. 물이나 육수 몇 작은술을 추가해서 믹서로 갈아도 된다. 모든 레시피는 최대한 약한 열을 사용하고 수분을 머금도록 생으로 또는 서서히 익혀서 제공하게 되어 있다. 슬로 쿠커(크록팟)를 사용하는 게 가장 좋지만 냄비 뚜껑을 덮고 약불에 익히는 방법도 좋다. 오븐을 사용할 때의 레시피는 www.foreverreci-pes.com에서 참고한다. 오븐 조리법이 영양소 손실이 더 크다는 점을 고려했다. 다른 가정식 레시피들은 오븐 조리법으로 인

한 영양소 손실이 고려되지 않은 경우가 많다.

모든 레시피에 들어가는 자연식품들은 전부 생물이지만(통조림 연어를 구매하는 경우 제외) 냉동 보관한 고기와 생선, 과일, 채소를 자유롭게 사용해도 된다. 마찬가지로 정어리, 굴, 홍합도 생물, 냉동, 조리 및 통조림 모두 가능하다.

분쇄육 라벨 이해하기: 안타깝게도 육류 라벨에 지방 비율이 표시되어 있지 않은 경우가 많다. 하지만 완전하고 균형 잡힌 레시피인지 아닌지는 지방 함량의 정확성에 달려 있다. 다음과 같은 방법으로 계산해보자.

- 1회 제공량의 지방량(g)을 확인한다.
- 지방량을 제공량으로 나눈다.

지방량 12g ÷ 제공량 100g = 0.12 = 지방 12%

"완전하고 균형 잡힌"의 정의: 개와 고양이에게 특정 비타민과 미네랄을 적당한 양으로 공급해주는 음식이어야만 "영양적으로 완전하다"고 말할 수 있다. 그러나 반려동물용 종합 비타민과 스피루리나, 식물성 플랑크톤 같은 자연식품 보충제는 필수 영양소를 충분히 제공하기에는 턱없이 부족하다. 이 책의 레시피들은 모든 영양소 요구량을 완전하게 충족한다. 그런가 하면 "균형 잡힌"이라는 용어는 NRC, AAFCO, FEDIAF가 인정하는 단 하나의 정의가 없어서 설명하기가 좀 더 까다롭다. 이 책에서 사용하는 정의는 영양소들의 관계(예를 들어, 칼슘과 인의 비율)와 영양소의 섭취량과 관련 있다. "균형 잡힌" 식품은 (FEDIAF가 추정하는) 영양소 내성의 안전한 상한선을 초과해서는 안 되고, 개와 고양이의 진화 식단 또는 조상 식단과 비슷한 수준의 다량 영양소(단백질, 지방, 수분, 섬유질)를 제공하고, FEDIAF의 대사량에 따른 영양소 권장 섭취량(Recommended Allowances, RA)을 충족한다.

보충제 사용 레시피에서 비타민과 미네랄 보충제를 준비하는 방법

이 책과 www.foreverrecipes.com에서는 자연식품을 사용하는 것과 비타민과 미네랄 보충제를 사용하는 두 가지 유형의 레시피를 볼 수 있다. 보충제를 사용하는 경우에는 가정식에 필요한 재료비가 줄어들지만 그래도 재료 준비 과정은 필요하다. 보충제가 들어가는 레시피를 사용할 때는 모든 캡슐을 열어서 안에 든 가루를 각각의 그릇에 따로 준비한다. 빈 캡슐은 버린다. 알약 형태의 보충제는 미니 절구를 이용해서 곱게 빻는다.

굴전, 켈프 파우더, 달걀 껍질 파우더를 모든 보충제와 잘 섞고 우선 비타민과 미네랄 파우더의 절반을 음식에 넣는다. 잘 섞고 남은 절반을 마저 넣는다. 모든 가루류가 음식에 골고루 잘 섞이는 것이 중요하다. 그래야 음식 전체에 영양소가 골고루 분포된다. 이런 이유로 건강 식품점이나 온라인에서 (액체나 젤라틴 캡슐보다는) 건조 제형의 비타민과 미네랄 보충제를 구매하는 것이 좋다.

다시 말하지만, 보충제를 사용하는 레시피들은 자연식품으로 만드는 버전을 www.foreverrecipes.com에서 확인할 수 있다. 반대로 자연식품을 사용하는 레시피를 보충제로 만들고 싶다면 같은 방법으로 확인 가능하다.

완전하고 균형 잡힌 식사의
네 가지 조리법(그리고 비조리법)

반려동물에게 먹일 음식을 얼마나 오래 조리할지는 전적으로 여러분의 선택과 목표에 달려 있다. 모든 음식을 생식으로 제공해도 전혀 문제가 없지만 그것을 원치 않는 보호자들도 있을 것이다. 이 레시피들은 그 점도 고려했다. 만약 잠재적 병원균을 죽이는 게 목표라면 고기를 찔러 보았을 때 온도가 74℃(165℉, 고기 온도계로 측정) 이상이면 괜찮다. 반려견의 이빨이 약해서 부드러운 음식이 필요하다면 채소를 포크로 눌러보면서 원하는 상태가 될 때까지 조리한다. 채소를 알덴테(너무 물컹하지 않고 씹는 맛이 있는 상태)로 익혀서 생고기 또는 서서히 익힌 고기와 함께 주거나 반대로 잘게 썬 생 채소를 완전히 익힌 고기와 함께 줄 수도 있다. 고기와 채소를 둘 다 익히거나 둘 다 익히지 않아도 괜찮다. 평생 생식만 먹은 개라도 나이가 들면 생식을 멀리하게 될 수 있다. 이 조리법들에는 모두 안전하고 영양가 있는 대안이 있다. 편식이 심하거나 선뜻 먹지 않으려는 경우에는 34쪽을 참고한다.

- **생식:** 모든 레시피는 완전한 날 것 상태로 급여할 수 있다. 기생충이 걱정된다면 고기와 생선을 3주간 냉동 보관한다(촌충, 회충, 흡충, 편충을 죽인다). 생 채소를 익힌 고기와 함께 먹이고 싶다면 고기를 물에 삶거나 슬로 쿠커로 익혀서 함께 준다.

- **조림poaching:** 맛있고 군침 도는 스튜(통조림 제품 같은 농도)를 만드는 조리법이다. 이 조리법을 사용하려면 일단 레시피대로 만든 음식을 커다란 팬에 넣고 잠길 만큼 물을 붓고 뚜껑을 덮는다. 내부 온도가 74℃(165℉)가 될 때까지 약불로 끓인다. 국물에도 영양가가 풍부하니 버리지 않고 사용한다. 226쪽 "흰살생선, 양고기, 달걀 수프림" 레시피에서 조림 조리법을 사진으로 확인할 수 있다.

- **크록팟/슬로 쿠커:** "서서히 익히는" 레시피는 모든 재료를 크록팟/슬로 쿠커에 넣고 물을 첨가하지 않고 '약'으로 맞추면 된다. 원하는 부드러움으로 익히고 그 과정에서 생긴 영양가 있는 국물도 함께 제공한다. 재료와 슬로 쿠커의 크기에 따라 조리 시간이 달라지니 레시피를 처음 시도한다면 중간에 계속 확인해준다.

- **오븐 조리법:** 오븐 조리법은 www.foreverrecipes.com에서 찾을 수 있다. 오븐 조리가 슬로 쿠커로 서서히 익히는 방법이나 물을 부어서 삶는 조림보다 영양소 손실이 크다는 점을 고려해 새롭게 탄생한 버전이다. 오븐 조리시에는 잘 맞는 뚜껑이 있는 용기를 이용하고 가장 약한 온도로 맞춘다. 원하는 익힘 정도가 될 때까지 뚜껑을 덮고 굽는다. 온도가 높거나 뚜껑을 사용하지 않으면 AGE 생성 및 영양소 손실이 커진다. 레시피를 처음 시도할 때는 중간에 익힘 정도를 계속 확인한다.

마지막으로 AGE(68쪽 참조)에 대해 짚고 넘어갈 것이 있다. 음식에 AGE가 덜 생기는 가장 좋은 방법은 생식이고 두 번째는 조림과 서서히 익히는 조리법이다. 그리고 뚜껑을 닫고 조리하면 수분 손실이 크게 줄어들어서 AGE 생성이 감소하고 영양소가 보존된다. 반려동물이 매일 먹는 음식을 만드는 기본적인 조리법으로 방금 소개한 네 가지 외에 다른 방법(튀기기, 끓이기, 그릴에 굽기, 훈제 등)은 권장하지 않는다. AGE를 비롯한 해로운 물질이 만들어지고 영양소 손실이 더 커지기 때문이다.

> **편식에 효과적인 조리법:** 새로운 음식을 반기지 않거나 머뭇거리는 까다로운 녀석들은 먼저 서서히 익힌 음식을 주면 좋다. 조리된 음식에서 풍기는 향이 식욕을 돋울 수 있다.

보관, 냉동, 해동, 재가열

반려동물이 여러 마리이거나 식욕이 왕성하거나 음식 준비 횟수를 줄이고 싶다면 많은 양의 음식을 만들 수도 있을 것이다. 모든 레시피는 냉동 보관해 나중에 사용할 수 있다.

냉동 보관한 음식은 시간이 지날수록 영양소 손실이 일어날 수 있으므로 1개월 이내에 사용해야 한다. 냉장실에서 해동한 후 3일 이내에 먹는다. 해동한 음식을 다시 얼리지 않는다. 상식에 따라 생고기 제품은 다른 음식들과 따로 보관하자. 식품을 냉동 보관할 때 제대로 밀봉하지 않으면 산소와 맞닿아 표면이 회색빛으로 변하는 이른바 "냉동상freezer burn"이 일어난다. 먹어도 안전하지만 영양소가 약간 파괴되었을 것이다. 냉동 보관한 음식을 줄 때는 신선한 음식과 번갈아 급여하는 것을 추천한다.

상한 냄새가 나는 음식은 버린다. 조리대와 도마, 조리 도구는 소독하고 재료를 준비한 후나 생식을 세척한 후에는 손을 닦는다. 조리하지 않은 음식은 2시간 이상 상온에 두지 않는다. 급여 후에는 식기를 씻는다.

만약 반려동물이 따뜻하게 데운 음식을 선호한다면 해동한 후 뜨거운 물에 중탕해서 데운다. 음식이 담긴 식기를 뜨거운 물이 담긴 더 큰 그릇에 넣고 데우면 된다. 전자레인지는 균일하게 데워지지 않으므로 피한다.

> **사진에 대하여:** 모든 완전하고 균형 잡힌 식사 레시피에는 조리 과정이 담긴 사진이 수록되었다. 사진은 레시피의 가장 중요한 재료들을 강조한다. 사진 속 재료들은 실제 레시피에 들어가는 분량이 아니며 모든 재료를 전부 보여주지도 않는다. 사진이 아니라 레시피를 따라서 만들자.

4장 완전하고 균형 잡힌 식사

베이직 비프 & 브로콜리

완전하고 균형 잡힌 음식을 만드는 것이 간단하다는 것을 보여주기 위해 첫 번째 레시피는 재료가 몇 가지 들어가지 않는 것으로 준비했다. 두 가지 버전 모두 비타민과 미네랄을 똑같은 양으로 섭취할 수 있다.

성견용, 자연식품 레시피
약 2.6kg 분량(1g당 1.55칼로리)

재료:

- 소고기 다짐육 1,360g
  (살코기 함량 90%)
- 소 간 170g
- 큰 달걀 6개
- 익힌 연어 227g
- 맥아유 25g
- 브로콜리 454g
- 생 해바라기씨 57g
- 생강즙 8g
- 정향가루 8g

- 영양 효모 5g
- 달걀 껍질 파우더 17g
- 켈프 파우더 2g
  (1g당 아이오딘 700mcg 함유.
  아이오딘 보충제로 대체하면
  아이오딘 총 1,400mcg)

조리법:

1. 큰 볼에 (달걀 껍질 파우더와 켈프 파우더를 제외하고) 모든 재료를 넣고 섞는다.
2. 작은 볼에 파우더류를 넣고 잘 섞는다.
3. 2의 절반을 1에 잘 섞은 후 나머지도 넣고 골고루 섞는다.
4. 생식이나 조림, 또는 서서히 익혀서 급여한다.

성견용, 보충제 레시피
약 2kg 분량(1g당 1.76칼로리)

재료:

- 소고기 다짐육 1,360g
  (살코기 함량 90%)
- 소 간 170g
- 브로콜리 454g
- 생 해바라기씨 57g
- 소금 2g

보충제:

- 탄산칼슘 11g
- 아이오딘 1,400mcg
- 마그네슘 300mg
- 콜린 2,500mg
- 피시 오일 10g
  (비타민 D 불포함, 1g당
  EPA+DHA 함량 250mg 이상)
- 망간 8mg
- 티아민(비타민 B1) 50mg
- 비타민 D 1,000 IU
- 비타민 E 100 IU

조리법:

1. 큰 볼에 보충제를 제외한 모든 재료를 넣고 섞는다.
2. 작은 볼에 보충제를 전부 넣고 잘 섞는다.
3. 2의 절반을 1에 잘 섞은 후 나머지도 넣고 골고루 섞는다.
4. 생식이나 조림, 또는 서서히 익혀서 급여한다.

자연식품 레시피

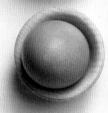

보충제 포함 레시피

가든-프레시 굿니스

빨간 피망의 비타민 C, 오이의 섬유질과 항산화제, 포에버 푸드 정어리의 오메가-3와 CoQ10까지 풍부한 영양 만점 샐러드. 루콜라도 들어간다. 루콜라에는 베타카로틴, 프리바이오틱스 섬유와 비타민 K가 들어 있고 산화 스트레스를 줄이는 알파 리포산도 풍부하다. 반려동물이 평소 루콜라를 먹지 않더라도 이 레시피에서는 루콜라의 맛이 나머지 재료들과 잘 어우러진다. 다른 녹색 채소로 대체해도 된다.

성견용, 자연식품 레시피
약 2.7kg 분량 (1g당 1.59칼로리)

재료:

- 소고기 다짐육 1,417g
  (살코기 함량 90%)
- 소 간 170g
- 정어리 통조림 170g
  (물에 담긴 무염 제품, 국물 제거)
- 큰 달걀 8개
- 맥이유 25g
  (또는 비타민 E 100 IU)
- 루콜라 170g
- 껍질 벗긴 오이 142g
- 빨간 피망 142g

- 생 해바라기씨 85g
- 말린 파슬리 8g
- 말린 바질 8g
- 셀러리씨 8g
- 말린 타라곤 8g
- 영양 효모 5g
- 달걀 껍질 파우더 15g
- 켈프 파우더 2.5g
  (1g당 아이오딘 700mcg 함유.
  아이오딘 보충제로 대체하면
  아이오딘 총 1,750mcg)

조리법:

1. 큰 볼에 (달걀 껍질 파우더와 켈프 파우더를 제외하고) 모든 재료를 넣고 섞는다.
2. 작은 볼에 파우더류를 넣고 잘 섞는다.
3. 2의 절반을 1에 잘 섞은 후 나머지도 넣고 골고루 섞는다.
4. 생식이나 조림, 또는 서서히 익혀서 급여한다.

켈프는 복잡해: 켈프는 천연의 아이오딘 보충제다. 켈프 파우더의 아이오딘 함량은 저마다 크게 다르므로 켈프 파우더 1g당 아이오딘 함량이 700mcg인 제품으로 구매한다. 레시피에 명시된 대로 켈프 파우더 대신 아이오딘 보충제를 사용해도 된다. 이 레시피는 반려동물에게 필요한 양을 정확하게 충족하도록 만들어졌다. 고양이의 대사량을 참고해 조정이 이루어졌다(아이오딘의 중요성에 대한 자세한 내용은 189쪽 참조).

4장 완전하고 균형 잡힌 식사

홍합을 곁들인 비프 부르기뇽

비프 부르기뇽은 소고기, 토마토, 버섯, 당근 건더기가 듬뿍 들어간 푸짐한 스튜로 프랑스에서 가장 사랑받는 전통 음식 중 하나다. 원래는 레드 와인이 들어가지만 반려동물용 레시피이므로 소 간으로 대체해 풍미와 영양을 살린다(구리 요구량도 충족한다). 원래 들어가는 양파 대신(개들에게 해로우므로) 오메가-3와 비타민 D가 풍부한 홍합을 넣는다. 프랑스의 맛을 느껴보자!

성견용, 자연식품 레시피
약 2.4kg 분량(1g당 1.48칼로리)

재료:

- 소고기 다짐육 1,417g
  (살코기 함량 90%)
- 소 간 170g
- 큰 달걀 8개
- 홍합 227g
  [또는 익힌 연어 170g
  또는 비타민 D 500 IU +
  마그네슘 50mg +
  피시 오일 2g(1g당 EPA+DHA 함량
  250mg 이상)]
- 맥아유 25g
  (또는 비타민 E 100 IU)
- 버섯(아무거나) 142g
- 토마토 142g
- 당근 142g
- 생 해바라기씨 57g
- 정향가루 8g
- 말린 타임 8g
- 말린 파슬리 8g
- 영양 효모 5g
- 켈프 파우더 2g
  (1g당 아이오딘 700mcg 함유,
  아이오딘 보충제를 사용하면
  아이오딘 총 1,400mcg)
- 달걀 껍질 파우더 15g

조리법:

1. 큰 볼에 (달걀 껍질 파우더와
   켈프 파우더를 제외하고)
   모든 재료를 넣고 섞는다.
2. 작은 볼에 파우더류를 넣고
   잘 섞는다.
3. 2의 절반을 1에 잘 섞은 후
   나머지도 넣고 골고루 섞는다.
4. 생식이나 조림, 또는
   서서히 익혀서 급여한다.

콜린은 중요해: 식단에서 콜린 수치를 적절하게 유지하는 것이 얼마나 중요한지는 아무리 강조해도 지나침이 없다. 콜린은 인지 기능에 필수적인 신경전달물질인 아세틸콜린을 만들기 위해 필요하다. 또한 콜린은 호모시스테인 수치를 줄여 염증 감소와 세포 기능 개선에 기여한다. **달걀을 먹이지 못하는 경우에는 달걀 대신 비타민 D 500 IU와 콜린 보충제 700mg을 넣는다.**

비프 멕시칸 피에스타

(고수 덕분에) 풍미 가득하고 (지카마 덕분에) 프리바이오틱스 섬유질과 비타민 C가 풍부한 멕시코 요리. 얌빈 또는 "멕시코 순무"라고도 불리는 지카마는 이렇게 요리에도 사용할 수 있지만 아삭한 훈련용 간식으로도 좋다. 곰팡이 독소가 있을 수 있으니 껍질을 꼭 벗긴다.

성견용, 자연식품 레시피
약 2.7kg 분량(1g당 1.55칼로리)

재료:

- 소고기 다짐육 1,417g(살코기 함량 90%)
- 큰 달걀 7개
- 껍질 벗긴 생 지카마 284g
- 소 간 170g
- 정어리 통조림 170g
  (물에 담긴 무염 제품, 국물 제거)
- 맥아유 15g(또는 비타민 E 50 IU)
- 아보카도 113g
- 생 해바라기씨 85g
- 고수 57g
- 정향가루 9g
- 커민가루 8g
- 고수가루 8g
- 영양 효모 5g
- 달걀 껍질 파우더 15g
- 켈프 파우더 2g
  (1g당 아이오딘 700mcg 함유.
  아이오딘 보충제로 대체하면
  아이오딘 총 1,400mcg)

조리법:

1. 큰 볼에 (달걀 껍질 파우더와 켈프 파우더를 제외하고) 모든 재료를 넣고 섞는다.
2. 작은 볼에 파우더류를 넣고 잘 섞는다.
3. 2의 절반을 1에 잘 섞은 후 나머지도 넣고 골고루 섞는다.
4. 생식이나 조림, 또는 서서히 익혀서 급여한다.

왜 맥아유인가? 비타민 E는 털과 피부 건강에 필수적이고 맥아유는 가장 쉽고 빠르게 체내 비타민 E 수치를 올려주는 자연식품이다. **맥아유가 없으면 대신 비타민 E 보충제를 사용한다. 대체: 맥아유 15g = 비타민 E 50 IU.**

아르헨티니언 치미추리 비프

남아메리카에서는 약 300년 전부터 소들이 자유롭게 팜파스의 풀을 뜯도록 풀어놓아 지속 가능성도 살리고 고기의 맛도 더 좋게 했다. 저녁에는 가장 맛있는 소고기 부위에 치미추리 소스를 곁들여 먹었다. 치미추리는 반려동물들의 식사에 완벽한 토퍼이다. 이 레시피에서는 내장육과 연어, 굴을 섞어서 개들이 좋아할 만한 완전하고 균형 잡힌 식사를 만든다.

성장기견용, 자연식품 레시피
약 2.95kg 분량 (1g당 1.48칼로리)

재료:

- 소고기 다짐육 1,417g
  (살코기 함량 90%)
- 소 간 170g
- 익힌 연어 170g
- 큰 달걀 8개
- 소 비장 85g
  (또는 철분 보충제 36mg)
- 굴 85g
  (생물과 통조림 모두 가능.
  또는 아연 보충제 30mg)
- 맥아유 25g
  (또는 비타민 E 100 IU)
- 여름 호박 227g
  (그린 주키니, 옐로 주키니,
  루파, 차요테 등)

- 겨울 호박 227g
  (도토리 호박, 카니발 호박,
  단호박, 버터컵 등
  버터넛을 제외하고 모두 가능)
- 생 해바라기씨 100g
- 생 파슬리 57g
- 말린 오레가노 15g
- 소금 5g
- 정향가루 11g
- 영양 효모 2g
- 켈프 파우더 2.5g
  (1g당 아이오딘 700mcg 함유.
  아이오딘 보충제로 대체하면
  아이오딘 총 1,750mcg)
- 골분 44g

조리법:

1. 큰 볼에 (켈프 파우더와
   골분을 제외하고)
   모든 재료를 넣고 섞는다.
2. 작은 볼에 파우더류를 넣고
   잘 섞는다.
3. 2의 절반을 1에 잘 섞은 후
   나머지도 넣고 골고루
   섞는다.
4. 생식이나 조림, 또는
   서서히 익혀서 급여한다.

아연이 풍부한 굴: 굴에는 타우린, 비타민 B12 그리고 (여기에서 중요한) 아연이 풍부하게 들어 있다. 아연은 건강한 피부와 갑상샘 및 면역 건강에 필수적이지만 대개 가정식에는 아연 성분이 부족하다. 아연은 동물의 이빨, 고환, 모발에서도 발견된다(모두 훌륭한 아연 공급원이지만 거부감이 들 수 있다). 양식 굴 통조림은 그렇게 비싸지 않을 뿐 아니라 연구에 따르면 자연산보다 미세플라스틱이 약 50% 적게 들어 있다. 반려동물의 아연 요구량을 충족해 줄 굴 통조림을 구하지 못하는 경우에는 이 레시피에서 추천하는 대로 아연 보충제로 대체한다. 굴 28g = 아연 보충제 10mg.

강원천하고 균형 잡힌 식사

Fe
26
Iron
55.845

Mn
25
Manganese
54.938045

Zn
30
Zinc
65.38

B4
Vit
Choline

캘리포니아 비프

아보카도와 오렌지는 캘리포니아에서 가장 사랑받는 과일이겠지만 캘리포니아는 미국 딸기 생산량의 80%를 차지하기도 한다. 딸기는 개들에게 달고 맛있는 간식일 뿐 아니라 플라보노이드와 항산화제, 산화 스트레스와 염증을 물리치는 피세틴도 풍부하다.

성장기견용, 보충제 레시피
약 2.4kg 분량(1g당 1.62칼로리)

재료:
- 소고기 다짐육 1,417g
  (살코기 함량 90%)
- 소 간 170g
- 익힌 연어 170g
- 아보카도 170g
- 딸기 170g
- 알팔파 새싹 113g
- 생 해바라기씨 100g
- 소금 6g
- 영양 효모 5g
- 골분 42g
- 켈프 파우더 2.5g
  (1g당 아이오딘 700mcg 함유.
  아이오딘 보충제로 대체하면
  아이오딘 총 1,750mcg)

보충제:
- 콜린 1,500g
- 비타민 E 100 IU
- 철분 54mg
- 아연 30mg
- 망간 8mg

조리법:
1. 큰 볼에 (켈프 파우더와 골분을 제외하고)
   모든 재료를 넣고 섞는다.
2. 작은 볼에 파우더류와 보충제를 넣고
   잘 섞는다.
3. 2의 절반을 1에 잘 섞은 후
   나머지도 넣고 골고루 섞는다.
4. 생식이나 조림, 또는 서서히 익혀서
   급여한다.

인디언 비프

시금치로 만드는 인도 요리 사그 파니르saag paneer를 흉내 낸 것으로 세포 건강에 좋은 엽산과 눈 건강과 종양 억제 효능이 있는 루테인을 공급한다. 이 요리에 달콤함과 좋은 풍미를 더해주는 카다멈은 초록색 껍질 안에 든 씨앗인데, 수 세기 전부터 소화 질환 치료에 사용되었지만 강력한 항염증 물질도 들어 있다. 비트에 가장 풍부한 베타닌은 항산화 방어력을 높이고 유전자 발현을 조절하며 신경 보호 효과가 있고 활성산소의 생성을 낮추는 데도 도움을 줄 수 있다. 비트는 산화질소의 풍부한 공급원이기도 하다. 산화질소는 혈관을 이완시키고 확장시켜 순환과 전반적인 심장 건강을 돕는다.

활동적이지 않은 성견용, 대부분 자연식품 레시피
약 2.9kg 분량(1g당 1.55칼로리)

재료:

- 소고기 다짐육 1,417g
  (살코기 함량 90%)
- 소 간 170g
- 익힌 연어 170g
- 큰 달걀 10개
- 맥아유 30g
  (또는 비타민 E 100 IU)
- 시금치 227g
- 비트 227g
- 생 해바라기씨 71g
- 강황가루 8g
- 카다멈가루 8g
- 영양 효모 8g

- 통후추 간 것 4g
  (강황의 커큐민 흡수 강화)
- 켈프 파우더 2g
  (1g당 아이오딘 700mcg 함유.
  아이오딘 보충제로 대체하면
  아이오딘 총 1,750mcg)
- 골분 42g

보충제:

- 콜린 1,000mg
- 마그네슘 100mg
- 아연 30mg

조리법:

1. 큰 볼에 (켈프 파우더와 골분을 제외하고) 모든 재료를 넣고 섞는다.
2. 작은 볼에 파우더류와 보충제를 넣고 잘 섞는다.
3. 2의 절반을 1에 잘 섞은 후 나머지도 넣고 골고루 섞는다.
4. 생식이나 조림, 또는 서서히 익혀서 급여한다.

효모의 힘: 영양 효모는 글루타치온과 섬유질, 칼륨 그리고 (특히 이 레시피에서 중요한) 티아민이 풍부한 자연식품 보충제다. 비타민 B1이라고도 알려진 티아민은 탄수화물이 에너지로 사용되기 위한 대사 작용에 꼭 필요하다. 뇌 기능과 DNA 생산도 돕는다. 티아민이 부족하면 개와 고양이는 구토, 무기력 또는 신경계 손상이 일어날 수 있다. 고양이는 개보다 2~4배 많은 티아민을 식단으로 섭취해야 하는데, 영양 효모는 최고의 티아민 공급원이다. 영양 효모를 먹일 수 없는 경우에는 티아민(B1) 보충제로 대체한다. 영양 효모 28g = 티아민(비타민 B1) 보충제 20mg.

비프 스프링 플레이버

이탈리아에서는 아스파라거스가 봄의 시작을 알린다. 맨 위쪽의 피에몬테부터 맨 아래쪽까지 이탈리아 전역에서 슈퍼마켓 주차장에 세워놓은 트럭에서 "asparagi!"라고 직접 쓴 안내판과 함께 길쭉하고 싱싱한 아스파라거스를 파는 농부들을 볼 수 있다. 프리바이오틱스 섬유질, 엽산, 비타민 K, 플라보노이드 루틴이 풍부한 아스파라거스는 포도당 대사를 개선하는 효과가 증명되었다. 글루타치온 성분이 평균 이상으로 많이 들어 있는 것은 물론이다. 봄을 알리는 아스파라거스를 즐겨보자!

활동적이지 않은 성견용, 보충제 레시피
약 2.6kg 분량(1g당 1.48칼로리)

재료:
- 소고기 다짐육 1,417g
  (살코기 함량 90%)
- 소 간 170g
- 연어 170g
- 큰 달걀 6개
- 아스파라거스 227g
- 완두콩 142g
- 펜넬 뿌리 85g
- 생 해바라기씨 71g
- 달걀 껍질 파우더 17g

보충제:
- 아이오딘 1,350mcg
- 콜린 1,500mg
- 마그네슘 300mg
- 아연 15mg
- 망간 8mg
- 티아민(비타민 B1) 50mg
- 비타민 C 100 IU

조리법:
1. 큰 볼에 (달걀 껍질 파우더를 제외하고) 모든 재료를 넣고 섞는다.
2. 작은 볼에 달걀 껍질 파우더와 보충제를 넣고 잘 섞는다.
3. 2의 질빈을 1에 뿌릴 섞은 우 나머지도 넣고 골고루 섞는다.
4. 생식이나 조림, 또는 서서히 익혀서 급여한다.

완두콩 문제: 반려견용 비곡물 사료는 대부분 곡물 대신 완두콩 파우더 또는 완두콩 단백질 파우더를 사용하는데, 콩류를 너무 많이 섭취하면 큰 문제가 생길 수 있다. 콩류에는 당 결합 단백질 렉틴이 많이 들어 있기 때문이다. 렉틴은 끈적이는 성분이 있어서 소장의 내벽에 달라붙는다. 매일 많이 섭취하면 소화관이 찢어져 영양소가 제대로 흡수되지 않고 장내 미생물 군집에 해를 끼쳐서 당뇨, 류머티즘 관절염, 셀리악병 같은 염증성 질환으로 이어진다. 조리한 완두콩은 이 요리에 맛을 더해주고 훈련용 간식으로 사용하기에도 좋지만 반려견에게 매일 콩류를 과도하게(하루 음식 섭취량의 10% 이상) 먹일 필요는 없다. 간식, 토퍼, 추가용 채소 등의 형태로 적당 양을 먹인다.

필리피노 티놀라 치킨 & 비프

티놀라는 필리핀의 전통적인 원팟 요리로 고기, 파파야, 채소, 장 건강에 좋은 생강을 넣어 부드러워질 때까지 끓이는 부드러운 스튜다. 이 레시피에서는 혈당 수치의 균형을 맞추는 효과가 있는 망간이 풍부한 코코넛 크림을 추가했다. 영양가 풍부하고 맛도 좋고 속이 따뜻해지는 요리이므로 속이 불편할 때나 비 오는 날, 또는 아무 때나 반려동물에게 먹이면 좋다.

성견용, 대부분 자연식품 레시피
약 3kg 분량 (1g당 1.55칼로리)

재료:

- 소고기 다짐육 1,474g
  (살코기 함량 90%)
- 닭고기 다짐육 454g
  (지방 함량 14%)
- 소 간 213g
- 큰 달걀 6개
- 맥아유 40g
  (또는 비타민 E 100 IU)
- 무가당 코코넛 크림 9g
- 시금치 340g
- 파파야 170g
- 생강가루 10g
- 강황가루 10g
- 통후추 간 것 5g
- 영양 효모 5g
- 달걀 껍질 파우더 15g
- 켈프 파우더 2g
  (1g당 아이오딘 700mcg 함유.
  아이오딘 보충제로 대체하면
  아이오딘 총 1,400mcg)

보충제:

- 비타민 D 500 IU

조리법:

1. 큰 볼에 (달걀 껍질 파우더와 켈프 파우더를 제외하고) 모든 재료를 넣고 섞는다.
2. 작은 볼에 파우더류와 보충제를 넣고 잘 섞는다.
3. 2의 절반을 1에 잘 섞은 후 나머지도 넣고 골고루 섞는다.
4. 생식이나 조림, 또는 서서히 익혀서 급여한다.

Vit
D
Vitamin D

베리 비프 & 치킨 샐러드

색깔도 예쁘고 신선하고 영양가 풍부한 샐러드. 훈련용 간식으로 훌륭한 베리류도 들어간다! 베리류는 개의 뼈암을 포함한 암세포의 사멸을 자극하는 바이오플라보노이드인 미리세틴이 풍부하다. 오이에는 항염증과 항산화 작용을 하는 쿠쿠르비타신이 들어 있다. 특히 여름에(언제든 좋다) 간편하게 만들 수 있는 식사로 남은 베리류와 씨앗류, 오이는 간식으로 사용하자.

성견용, 자연식품 레시피
약 2.6kg 분량(1g당 1.55칼로리)

재료:

- 소고기 다짐육 1,020g
  (살코기 함량 90%)
- 닭 가슴살 340g
  (껍질 제거하지 않은 것)
- 소 간 198g
- 큰 달걀 5개
- 연어 227g
- 굴 57g
  (생물과 통조림 모두 가능.
  또는 아연 보충제 15mg)
- 맥아유 25g
  (또는 비타민 E 100 IU)
- 루콜라 142g
  (다른 녹색 채소도 가능)

- 껍질 벗긴 오이 142g
- 블루베리 85g
- 라즈베리 85g
- 생 호박씨 57g
- 무염 생 아몬드 10개
- 정향가루 7g
- 영양 효모 5g
- 달걀 껍질 파우더 15g
- 켈프 파우더 2g
  (1g당 아이오딘 700mcg 함유.
  아이오딘 보충제로 대체하면
  아이오딘 총 1,400mcg)

조리법:

1. 큰 볼에 (달걀 껍질 파우더와 켈프 파우더를 제외하고) 모든 재료를 넣고 섞는다.
2. 작은 볼에 파우더류를 넣고 잘 섞는다.
3. 2의 절반을 1에 잘 섞은 후 나머지도 넣고 골고루 섞는다.
4. 생식이나 조림, 또는 서서히 익혀서 급여한다.

비프 & 치킨 포리저스 딜라이트

동물은 먹이 채집 활동을 하는 본능이 있다. 슬로베니아의 후기 신석기시대 (기원전 5세기에서 2세기 추정) 유적지에서 발견된 개 분변 연구에 따르면 인간과 함께 생활한 개들은 다양한 종류의 식물을 먹었다. 아마도 땅에서 자라는 관목과 풀 따위였을 것이다. 버섯, 민들레, 뿌리채소와 필수 지방산이 풍부한(간과 신장 지표를 낮춰주므로 만성 신장·간·심혈관 질환 위험이 있는 반려동물들에게 좋다) 헴프씨드가 들어가는 이 식사는 반려동물들의 먹이 채집 본능을 충족시킬 것이다.

성견용, 자연식품 레시피
약 2.7kg 분량 (1g당 1.62칼로리)

재료:

- 소고기 다짐육 1,020g
  (살코기 함량 90%)
- 닭고기 다짐육 454g
  (지방 함량 14%)
- 소 간 170g
- 굴 28g
  (생물과 통조림 모두 가능.
  또는 아연 보충제 10mg)
- 맥아유 45g
  (또는 비타민 E 100 IU)
- 큰 달걀 7개
- 민들레잎 227g
- 자외선에 노출한 버섯(아무거나)
  170g(자외선 노출로 버섯의 비타민 D
  수치를 높이는 방법은 47쪽 참조)
- 돼지감자 142g
- 껍질 벗긴 헴프씨드 42g
- 말린 파슬리 8g

- 말린 바질 8g
- 영양 효모 5g
- 달걀 껍질 파우더 15g
- 켈프 파우더 1.5g
  (1g당 아이오딘 700mcg 함유.
  아이오딘 보충제로 대체하면
  아이오딘 총 1,050mcg)

조리법:

1. 큰 볼에 (달걀 껍질 파우더와
   켈프 파우더를 제외하고)
   모든 재료를 넣고 섞는다.
2. 작은 볼에 파우더류를 넣고
   잘 섞는다.
3. 2의 절반을 1에 잘 섞은 후
   나머지도 넣고 골고루 섞는다.
4. 생식이나 조림, 또는
   서서히 익혀서 급여한다.

비프 & 치킨 포리저스 딜라이트

개들에게 아이오딘이 중요한 이유: 아이오딘은 반려견의 대사와 갑상샘 호르몬 생산에 필수적이다. 충분히 섭취하지 않으면 갑상샘 기능 저하증에 걸릴 수 있다. 안타깝게도 개들은 인간에 비해 아이오딘의 체내 저장이 잘 이루어지지 않는다. 아이오딘 섭취 요구량이 우리가 생각하는 것보다 훨씬 많다는 뜻이다(고양이들은 아이오딘을 잘 저장하므로 고양이용 레시피에는 아이오딘이 훨씬 적게 들어간다). 반려견을 위한 가정식은 대부분 아이오딘 요구량을 충족하지 못하므로 아이오딘을 보충해주는 가장 좋은 방법은 켈프를 포함한 해초를 먹이는 것이다. 켈프에는 천연 아이오딘 성분이 풍부할 뿐만 아니라 프리바이오틱스 섬유, 아미노산, 리코펜과 카로틴을 포함한 식물성 영양소도 들어 있다. 켈프를 먹이지 못하는 경우 아이오딘 보충제로 대체한다. 아이오딘이 풍부한 켈프 파우더 **(특정 유형 필요) 0.5g = 아이오딘 보충제 1정 또는 1캡슐(350mcg).**

비프 & 치킨 검보

미국 루이지애나주의 대표적인 음식 검보는 오크라에 셀러리, 고추, 양파 등을 섞어서 만드는 걸쭉하고 푸짐한 스튜다. 흑백 혼혈 크리올들의 전통 음식인 검보를 여기에서는 양파를 빼고 소고기, 닭고기, 정어리, 채소를 넣어 새롭게 탄생시켰다.

성견용, 자연식품 레시피
약 3.3kg 분량(1g당 1.62칼로리)

재료:

- 소고기 다짐육 1,360g
  (살코기 함량 90%)
- 닭고기 다짐육 454g
  (지방 함량 14%)
- 소 간 198g
- 큰 달걀 9개
- 정어리 198g(생물 또는
  물에 담긴 무염 통조림 제품)
- 굴 57g
  (생물과 통조림 모두 가능.
  또는 아연 보충제 15mg)
- 맥아유 50g
  (또는 비타민 E 200 IU)

- 빨간 피망 170g
- 오크라 170g
- 셀러리 113g
- 껍질 벗긴 헴프씨드 42g
- 말린 파슬리 9g
- 말린 타임 9g
- 강황가루 9g
- 영양 효모 5g
- 달걀 껍질 파우더 18g
- 켈프 파우더 2g
  (1g당 아이오딘 700mcg 함유.
  아이오딘 보충제로 대체하면
  아이오딘 총 1,400mcg)

조리법:

1. 큰 볼에 (달걀 껍질 파우더와
   켈프 파우더를 제외하고)
   모든 재료를 넣고 섞는다.
2. 작은 볼에 파우더류를 넣고
   잘 섞는다.
3. 2의 절반을 1에 잘 섞은 후
   나머지도 넣고 골고루
   섞는다.
4. 생식이나 조림, 또는
   서서히 익혀서 급여한다.

오크라의 점성: 오크라는 익히면 끈적끈적한 점성이 생긴다. 소화되지 않는 이 점액질은 소화관을 진정시키고 장벽에 붙은 이물질을 떼어내는 기능을 한다. 나쁜 세균이 장에 붙기가 어려워진다. 오크라의 섬유질은 독소의 결합을 돕고 재흡수를 막는다. 그리고 오크라를 섭취하면 해독 효소 글루타치온, 슈퍼옥시드 디스무타아제(SOD), 카탈라아제 수치가 증가한다.

차이니즈 비프 & 치킨 스터프라이

복초이, 중국 셀러리 배추 등 많은 이름으로 불리는 청경채는 영양가 풍부한 작은 십자화과 채소다. 중국 음식에 필수로 들어가는 청경채는 특정 암으로부터 보호해주는 글루코시놀레이트라는 화합물을 함유한다. 약간 쌉싸름한 맛이 생강, 굴 소스와 완벽하게 어우러져 반려동물이 열광하는 "볶음요리"가 될 것이다.

성장기견용, 대부분 자연식품 레시피
약 2.7kg 분량(1g당 1.52칼로리)

재료:

- 소고기 다짐육 907g
  (살코기 함량 90%)
- 닭고기 다짐육 454g
  (지방 함량 14%)
- 소 간 142g
- 소 비장 113g
  (또는 철분 보충제 54mg)
- 굴 113g
  (생물과 통조림 모두 가능,
  또는 아연 35mg +
  피시 오일 2g + 소금 2g)
- 맥아유 57g
  (또는 비타민 E 100 IU)

- 큰 달걀 9개
- 청경채 227g
- 콜리플라워 170g
- 생강가루 9g
- 정향가루 9g
- 소금 4g
- 영양 효모 4g
- 골분 45g
- 켈프 파우더 2g
  (1g당 아이오딘 700mcg 함유.
  아이오딘 보충제로 대체하면
  아이오딘 총 1,400mcg)

조리법:

1. 큰 볼에 (켈프 파우더와 골분을 제외하고) 모든 재료를 넣고 섞는다.
2. 작은 볼에 파우더류를 넣고 잘 섞는다.
3. 2의 절반을 1에 잘 섞은 후 나머지도 넣고 골고루 섞는다.
4. 생식이나 조림, 또는 서서히 익혀서 급여한다.

철분이 풍부한 소의 비장: 소 비장은 일부 지역에서는 구하기 어려울 수 있으므로 정육점이나 농산물 시장, 협동조합 매장 등에서 찾아보자. 온라인에서 냉동 제품으로 구할 수도 있다. 어떻게든 구할 수 있다면 노력이 헛되지 않을 것이다. 소 비장에는 소 간에 비해 단위 무게당 철분이 5배나 많고 헴철(식품첨가물의 하나로, 헤모글로빈을 효소 처리하여 얻는다 — 옮긴이)은 30배나 많기 때문이다. 철분은 근육과 장기에 산소를 공급하는 데 필수적이며, 부족하면 반려동물은 약해지고 무기력해질 것이다. 비장에서 발견되는 두 펩타이드 터프트신과 스플레노펜틴은 면역력을 증진하고 백혈구를 자극하여 감염과 암을 예방하고 바이러스로 가득 찬 병든 세포를 파괴하는 킬러 세포의 성장을 촉진한다. **소 비장을 구할 수 없으면 철분 보충제로 대체할 수 있다. 소 비장 42g = 철분 보충제 18mg.**

비프 & 치킨 기로스

인간의 장수에 지중해식보다 좋은 식단은 없을 것이다. 그리스의 기로스는 대표적인 지중해 음식이다. 이 레시피에는 피타 빵이 생략되었지만(사진에서는 131쪽에 나오는 젤라틴 프리스비 사용) 기로스의 시그니처인 차지키 소스는 그대로 들어간다. 신선한 차지키 소스는 요거트와 향신료, 오이가 들어가 미생물 군집 건강에 좋다. 그리고 닭고기에는 오메가-6 지방산이 풍부하다. 이 레시피에서 오메가-3 지방의 비율을 최적화하고 싶다면, EPA/DHA 보충제(원하는 피시 오일 또는 기타 해산물 오일) 10g 또는 정어리 170g(생물 또는 물에 담긴 무염 통조림 제품)을 추가한다.

성장기견용, 대부분 자연식품 레시피

약 2.9kg 분량 (1g당 1.38칼로리)

재료:

- 소고기 다짐육 907g
  (살코기 함량 90%)
- 닭고기 다짐육 454g
  (지방 함량 14%)
- 소 간 142g
- 소 비장 85g
  (또는 철분 보충제 36mg)
- 큰 달걀 9개
- 굴 113g
  (또는 아연 40mg +
  피시오일 1g + 소금 1g)
- 맥아유 40g
  (또는 비타민 E 100 IU)
- 토마토 113g
- 껍질 벗긴 오이 227g
- 플레인 그릭 요거트 113g

- 양상추 170g(아무 종류나)
- 말린 로즈메리 13g
- 말린 오레가노 13g
- 말린 타임 14g
- 정향가루 11g
- 소금 4g
- 영양 효모 4g
- 골분 45g
- 켈프 파우더 2g
  (1g당 아이오딘 700mcg 함유.
  아이오딘 보충제로 대체하면
  아이오딘 총 1,400mcg)

보충제:

- 비타민 D 250 IU

조리법:

1. 큰 볼에 (켈프 파우더와
   골분을 제외하고)
   모든 재료를 넣고 섞는다.
2. 작은 볼에 파우더류와
   보충제를 넣고 잘 섞는다.
3. 2의 절반을 1에 잘 섞은 후
   나머지도 넣고 골고루
   섞는다.
4. 생식이나 조림, 또는
   서서히 익혀서 급여한다.

4장 염증완화 균형 잡힌 식사

염증을 물리치는 정향: 정향은 강력한 항염증 효과가 있다. 정향에 함유된 생리활성물질 유제놀에는 항균, 항진균, 항산화, 살균 및 마취 특성이 있다. 정향은 질식 위험이 있으니 통째로 먹이면 안 되고 반드시 빻아서 사용한다. 이 레시피에는 망간 요구량을 충족하기 위해 정향이 사용되었다. 정향이 없으면 강황가루 17g 또는 망간 보충제 2mg으로 대체한다.

루비 레드 비프 & 치킨

적양배추, 고기, 비트, 석류 등 루비색의 향연이 펼쳐진다! 이 식사는 심장 건강에도 좋지만, 석류에 풍부한 항산화제가 개 내피세포(혈관의 내면을 덮는 세포들)의 산화 스트레스를 줄여준다. 소형견일 경우에는 질식 위험이 없도록 씨앗류를 반드시 갈거나 으깨서 사용한다.

활동적이지 않은 성견용, 대부분 자연식품 레시피
약 2.2kg 분량 (1g당 1.73칼로리)

재료:

- 소고기 다짐육 907g
  (살코기 함량 90%)
- 닭고기 다짐육 454g
  (지방 함량 14%)
- 소 간 113g
- 굴 85g
  (생물과 통조림 모두 가능.
  또는 아연 보충제 30mg +
  소금 1g)
- 맥아유 35g
  (또는 비타민 E 100 IU)
- 비트 227g
- 적양배추 113g
- 석류 113g

- 껍질 벗긴 헴프씨드 64g
- 강황가루 8g
- 영양 효모 5g
- 브라질너트 3개
- 달걀 껍질 파우더 12g
- 골분 8g
- 켈프 파우더 1.5g
  (1g당 아이오딘 700mcg 함유.
  아이오딘 보충제로 대체하면
  아이오딘 총 1,050mcg)

보충제:

- 콜린 3,000mg
- 비타민 D 1,000 IU

조리법:

1. 큰 볼에 (달걀 껍질 파우더와
   켈프 파우더, 골분을 제외하고)
   모든 재료를 넣고 섞는다.
2. 작은 볼에 파우더류와
   보충제를 넣고 잘 섞는다.
3. 2의 절반을 1에 잘 섞은 후
   나머지도 넣고 골고루
   섞는다.
4. 생식이나 조림, 또는
   서서히 익혀서 급여한다.

강력한 석류: 석류를 먹이면 심혈관, 신경, 골격 건강이 좋아진다. 석류에는 과일에 함유된 가장 강력한 항산화 성분 푸니칼라진이 풍부하기 때문이다.

4장 완전하고 균형 잡힌 식사

비프 & 치킨 아프리칸 스튜

동아프리카와 중앙아프리카의 주식인 고구마가 주재료로 사용되는 푸짐한 스튜. 장에 좋은 프리바이오틱스 섬유질이 풍부한 고구마에는 베타카로틴, 페놀 화합물, 그리고 암을 물리치는 항산화 성분도 들어 있다. 셀레늄이 가장 풍부한 자연식품인 고소한 브라질너트는 갑상샘 기능, 세포 성장, 면역 반응을 돕는다. 셀레늄 결핍은 갑상샘 질환을 일으킬 수 있다. 사람은 하루에 브라질너트 2개만 먹어도 필요한 셀레늄 수치를 충족할 수 있다!

활동적이지 않은 성견용, 대부분 자연식품 레시피
약 2.3kg 분량(1g당 1.69칼로리)

재료:
- 소고기 다짐육 907g
  (살코기 함량 90%)
- 닭고기 다짐육 454g
  (지방 14%)
- 소 간 142g
- 굴 85g
  (생물과 통조림 모두 가능.
  또는 아연 보충제 30mg +
  철분 6mg + 소금 1g)
- 맥아유 45g
  (또는 비타민 E 100 IU)
- 고구마 170g
- 토마토 170g
- 그린 주키니
  또는 노란 여름 호박 170g

- 껍질 벗긴 헴프씨드 71g
- 생강가루 7g
- 시나몬가루 7g
- 영양 효모 5g
- 생 브라질너트 1개
- 달걀 껍질 파우더 10g
- 골분 10g
- 켈프 파우더 1.5g
  (1g당 아이오딘 700mcg 함유.
  아이오딘 보충제로 대체하면
  아이오딘 총 1,050mcg)

보충제:
- 콜린 3,000mg
- 비타민 D 1,000 IU

조리법:
1. 큰 볼에 (달걀 껍질 파우더와 켈프 파우더, 골분을 제외하고) 모든 재료를 넣고 섞는다.
2. 작은 볼에 파우더류와 보충제를 넣고 잘 섞는다.
3. 2의 절반을 1에 잘 섞은 후 나머지도 넣고 골고루 섞는다.
4. 생식이나 조림, 또는 서서히 익혀서 급여한다.

비프 & 치킨 서프 앤 터프

육지와 바다의 완벽한 조합! 홍합, 굴, 내장육, 소고기, 닭고기, 맛있고 영양 풍부한 과일과 채소가 다 들어가는 완전하고 균형 잡힌 레시피이다. 기본적으로 고기와 생선이 들어가서 반려동물이 무척 맛있게 먹을 것이다.

성묘, 활동적이지 않은 성묘용, 대부분 자연식품 레시피
약 2.4kg 분량(1g당 1.55칼로리)

재료:

- 소고기 다짐육 907g
  (살코기 함량 90%)
- 닭고기 다짐육 454g
  (지방 함량 14%)
- 소 간 142g
- 소 비장 113g
  (또는 철분 보충제 36mg +
  칼륨 보충제 297mg)
- 닭 간 85g
- 홍합 368g
  [생물과 통조림 모두 가능,
  또는 칼륨 보충제 495mg +
  마그네슘 보충제 50mg +
  피시 오일 4g(1g당 EPA+DHA
  함량 250mg 이상) + 소금 2g]
- 굴 85g
  (생물과 통조림 모두 가능.
  또는 아연 보충제 30mg +
  칼륨 보충제 297mg)

- 맥아유 43g
  (또는 비타민 E 100 IU)
- 버섯(아무거나) 142g
- 그린 주키니
  또는 노란 여름 호박 85g
- 영양 효모 18g
- 강황가루 8g
- 시나몬가루 8g
- 생강가루 8g
- 달걀 껍질 파우더 14g
- 켈프 파우더 0.75g
  (1g당 아이오딘 700mcg 함유.
  아이오딘 보충제로 대체하면
  아이오딘 총 525mcg)

보충제:

- 비타민 D 300 IU
- 콜린 6,000mg
- 타우린 3,000mg

조리법:

1. 큰 볼에 (달걀 껍질 파우더와
   켈프 파우더를 제외하고)
   모든 재료를 넣고 섞는다.
2. 작은 볼에 파우더류와
   보충제를 넣고 잘 섞는다.
3. 2의 절반을 1에 잘 섞은 후
   나머지도 넣고 골고루
   섞는다.
4. 생식이나 조림, 또는
   서서히 익혀서 급여한다.

누구나 좋아하는 미트로프!

미트 로프는 사람과 반려동물 모두를 위한 미국의 대표적인 소울 푸드다. 여기에서는 케첩과 달걀에 적신 소고기 다짐육이 아니라, 다진 돼지고기와 연어를 베이스로 삼아 영양적으로 균형 잡힌 식사로 업그레이드했다. 시금치를 추가해 항암 효과까지 챙긴다. 반려동물이 아주 좋아할 것이다. 시금치가 어떻게 암을 물리칠까? 암세포 증식을 늦추는 설포퀴노보실 디아실글리세롤(sulfoquinovosyl diacylglycerol, SQDG)과 모노갈락토실디아실글리세롤(monogalactosyldiacylglycerol, MGDG)이 그 어떤 녹색 채소보다 많이 들어 있기 때문이다. 이 레시피는 성견과 성장기견, 성묘와 성장기묘에 모두 적합하다!

모든 생애주기의 개와 고양이용, 보충제 레시피

약 2kg 분량(1g당 1.48칼로리)

재료:

- 돼지고기 다짐육 794g(지방 함량 12%)
- 큰 달걀 13개
- 연어 397g
- 시금치 198g
- 소금 4g
- 골분 33g
- 켈프 파우더 2g

  (1g당 아이오딘 700mcg 함유.
  아이오딘 보충제로 대체하면
  아이오딘 총 1,400mcg)

보충제:

- 콜린 3,000mg
- 타우린 3,000mg
- 철분 90mg
- 구리 10mg
- 아연 75mg
- 마그네슘 200mg
- 망간 8mg
- 비타민 B 콤플렉스 1정(B50, 50mg, 갈아서)
- 비타민 E 100 IU

조리법:

1. 큰 볼에 (켈프 파우더와 골분을 제외하고)
   모든 재료를 넣고 섞는다.
2. 작은 볼에 파우더류와 보충제를 넣고
   잘 섞는다.
3. 2의 절반을 1에 잘 섞은 후 나머지도 넣고
   골고루 섞는다.
4. 생식이나 조림, 또는 서서히 익혀서
   급여한다.

Vit.
B12
Cobalamin

26
Fe
Iron

30
Zn
Zinc

29
Cu
Copper

Vit.
E
Vitamin E

포크 하와이언 루아우

폴리네시아인들은 서기 300년경에 태평양을 가로질러 노를 저어서 하와이로 향할 때 두 종류의 동물을 데려갔다. 바로 개와 돼지였다. 하와이 최고의 식재료가 들어가는 이 레시피에는 지금은 멸종된 포이 도그poi dog의 유산이 살아 있다. 파인애플에 풍부한 브로멜라인은 소화를 돕고 위장의 자극을 가라앉히고 염증을 줄여준다.

성견용, 보충제 레시피
약 2.3kg 분량(1g당 1.38칼로리)

재료:
- 돼지고기 794g
  (지방 함량 12%)
- 큰 달걀 11개
- 연어 368g
- 당근 170g
- 생 파인애플 170g
- 바나나 170g
- 전향가루 7g
- 골분 32g
- 켈프 파우더 1g
  (1g당 아이오딘 700mcg 함유.
  아이오딘 보충제로 대체하면
  아이오딘 총 700mcg)

보충제:
- 구리 6mg
- 아연 45mg
- 철분 18mg
- 비타민 B12 100mcg
- 비타민 E 100 IU

조리법:
1. 큰 볼에 (켈프 파우더와 골분을 제외하고) 모든 재료를 넣고 섞는다.
2. 작은 볼에 파우더류와 보충제를 넣고 잘 섞는다.
3. 2의 절반을 1에 잘 섞은 후 나머지도 넣고 골고루 섞는다.
4. 생식이나 조림, 또는 서서히 익혀서 급여한다.

사과를 곁들인 포크 로스트

잘 구운 고기는 속을 든든하게 해준다. 하지만 반려동물에게 먹이는 음식은 굽지 말 것을 권장한다. 고열이 AGE를 증가시키고 이로운 영양소가 많이 파괴되기 때문이다. 이 로스트 레시피는 반려동물을 위해 맛은 살리고 영양은 더욱 챙길 수 있도록 수정되었다. 주재료는 양배추다. 일반 양배추보다는 적양배추를 추천한다. 적채에는 항산화 물질이 4배나 많은 데다 세포 배양에서 장 염증 지표를 40%나 줄이는 것으로 밝혀졌다. 그리고 사과의 펙틴은 유해균 증식을 막아 장의 균형을 맞추고 미생물 군집에 영양을 공급한다. 사랑하는 반려동물과 함께 항염증 효과도 뛰어나고 맛있는 슬로 푸드를 즐겨보자.

활동적이지 않은 성견용, 보충제 레시피
약 1.9kg 분량(1g당 1.41칼로리)

재료:
- 돼지고기 794g
  (지방 함량 12%)
- 연어 397g
- 큰 달걀 6개
- 양배추 170g
  (일반 양배추, 적채 모두 가능)
- 껍질 벗긴 사과 142g
- 당근 85g
- 말린 로즈마리 7g
- 시나몬가루 7g
- 달걀 껍질 파우더 11g
- 켈프 파우더 2g
  (1g당 아이오딘 700mcg 함유.
  아이오딘 보충제로 대체하면
  아이오딘 총 1,400mcg)

보충제:
- 아연 60mg
- 콜린 1,500mg
- 구리 6mg
- 마그네슘 300mg
- 철분 18mg
- 망간 8mg
- 비타민 B 콤플렉스 1정
  (B50, 50mg, 갈아서)
- 비타민 E 100 IU

조리법:
1. 큰 볼에 (켈프 파우더와 골분을 제외하고) 모든 재료를 넣고 섞는다.
2. 작은 볼에 파우더류와 보충제를 넣고 잘 섞는다.
3. 2의 절반을 1에 잘 섞은 후 나머지도 넣고 골고루 섞는다.
4. 생식이나 조림, 또는 서서히 익혀서 급여한다.

인지 기능에 좋은 크랜베리: 크랜베리에 풍부한 안토시아닌과 프로안토시아닌은 붉은 색깔을 내고 기억력과 신경 기능에 좋으며 뇌에 산소와 포도당이 더 효율적으로 공급되도록 도와준다.

포크 펌프킨 패치

반려동물이 건강하고 맛 좋은 추수감사절 특별식으로 즐길 수 있는 요리. 장을 진정시키는 호박과 폴리페놀이 풍부한 크랜베리, 뇌 기능을 강화하는 강황이 들어가고 1년 중 어느 때나 즐길 수 있다. 방울다다기양배추에는 암을 유발할 수 있는 DNA 손상을 막아주는 글루코시놀레이트라는 유기 화합물이 풍부하다. 1년 내내 가을의 향기를 느끼게 해준다!

모든 생애주기의 개용, 보충제 레시피
약 2.6kg 분량(1g당 1.52칼로리)

재료:
- 돼지고기 다짐육 794g
  (지방 함량 12%)
- 큰 달걀 11개
- 연어 539g
- 호박 퓌레 227g
  (직접 삶아서 으깬 것, 통조림 모두
  가능, 호박파이용 충전물은 안 됨)
- 방울다다기양배추 227g
- 생 호박씨 113g(소금 무첨가)
- 크랜베리 85g
  (생물과 냉동 제품 모두 가능,
  설탕 무첨가)
- 강황가루 8g
- 말린 타임 8g
- 소금 5g
- 골분 32g
- 달걀 껍질 파우더 8g
- 켈프 파우더 2g
  (1g당 아이오딘 700mcg 함유.
  아이오딘 보충제로 대체하면
  아이오딘 총 1,400mcg)

보충제:
- 아연 75mg
- 구리 10mg
- 철분 54mg
- 콜린 1,500mg
- 마그네슘 200mg
- 비타민 B 콤플렉스 1정
  (B50, 50mg, 길아시)
- 비타민 E 100 IU

조리법:
1. 큰 볼에 (달걀 껍질 파우더와
   켈프 파우더, 골분을 제외하고)
   모든 재료를 넣고 섞는다.
2. 작은 볼에 파우더류와 보충제를
   넣고 잘 섞는다.
3. 2의 절반을 1에 잘 섞은 후
   나머지도 넣고 골고루 섞는다.
4. 생식이나 조림, 또는
   서서히 익혀서 급여한다.

4장 완전하고 균형 잡힌 식사

"로주아에쉬 데 포르쿠"
포르투갈식 돼지고기 스튜

포르투갈은 돼지고기, 특히 이베리안 흑돼지로 유명하다. 보비는 돼지고기라면 뭐든지 좋아했지만 그중에서도 최고급을 가장 좋아했다. 다진 고기가 아닌 근육 부위를 즐겼다는 뜻이다. 이 레시피는 포르투갈의 대표적인 식품인 돼지고기를 이용하고 여러 재료를 섞어서 그곳의 해안 기후를 잘 담아낸 알록달록하고 든든한 스튜 요리다.

활동적이지 않은 성견용, 보충제 레시피
약 2.5kg 분량 (1g당 1.3칼로리)

재료:
- 돼지고기 근육 부위 907g
  (살코기 함량 95%)
- 정어리 255g(생물 또는
  물에 담긴 무염 통조림 제품)
- 큰 달걀 4개
- 올리브유 85g
- 시금치 454g
- 피망 113g
- 빨간 피망 113g
- 토마토 113g
- 당근 113g
- 감자 113g(껍질 포함)
- 마늘 8g
- 강황가루 8g
- 달걀 껍질 파우더 12g

보충제:
- 아이오딘 1,125mcg
- 구리 8mg
- 아연 45mg
- 비타민 B 콤플렉스 1/2정
  (B50, 50mg, 갈아서)
- 비타민 E 100 IU

조리법:
1. 큰 볼에 (달걀 껍질 파우더를 제외하고) 모든 재료를 넣고 섞는다.
2. 작은 볼에 달걀 껍질 파우더와 보충제를 넣고 잘 섞는다.
3. 2의 절반을 1에 잘 섞은 후 나머지도 넣고 골고루 섞는다.
4. 생식이나 조림, 또는 서서히 익혀서 급여한다.

포르투갈식 돼지고기 스튜

돼지고기

정어리

시금치

토마토

당근

정어리

달걀

피망 & 빨간 피망

감자

올리브 오일

달걀 겨자씨 파프리카

Zn 30
I 53
E Vit Vitamin E
Cu 29 Copper
B-50 Vit complex

보충제

강황가루

마늘

바이슨 케일 해시

들소 고기는 참 좋다! 일부 지역에서는 구하기가 어렵고 소고기보다 비쌀 수도 있지만 지방이 적고 비타민 B가 들어 있으며 달고 구수한 맛이 있다. 이 들소 고기 요리에는 십자화과 채소를 씹을 때 방출되는 항암 성분인 설포라판과 인돌-3-카비놀이 들어 있는 케일도 들어간다. 반려동물들이 맛있게 먹을 수 있다.

성견용, 자연식품 레시피

약 2.7kg 분량(1g당 1.41칼로리)

재료:

- 들소 다짐육 1,417g
  (살코기 함량 90%)
- 들소 간 198g
- 큰 달걀 9개
- 굴 57g
  (생물과 통조림 모두 가능.
  또는 아연 보충제 15mg +
  마그네슘 보충제 100mg)
- 맥아유 35g
  (또는 비타민 E 100 IU)
- 버섯(아무거나) 142g
- 그린빈 142g

- 케일 255g
- 말린 타임 9g
- 말린 오레가노 9g
- 시나몬가루 9g
- 강황가루 9g
- 펜넬가루 9g
- 영양 효모 5g
- 달걀 껍질 파우더 13g
- 켈프 파우더 1.5g
  (1g당 아이오딘 700mcg 함유.
  아이오딘 보충제로 대체하면
  아이오딘 총 1,050mcg)

조리법:

1. 큰 볼에 (달걀 껍질 파우더와 켈프 파우더를 제외하고) 모든 재료를 넣고 섞는다.
2. 작은 볼에 파우더류를 넣고 잘 섞는다.
3. 2의 절반을 1에 잘 섞은 후 나머지도 넣고 골고루 섞는다.
4. 생식이나 조림, 또는 서서히 익혀서 급여한다.

바이슨 붓다 볼

붓다 볼에서 중요한 것은 균형이다. 들소 고기를 이용하는 이 붓다 볼은 섬유질이 풍부한 라디키오(라디치오)도 중요한 재료로 넣어 균형을 잡고도 남는다. 적색 치커리 라디키오는 항바이러스, 항산화, 항염증, 신경 보호 효과가 증명되었고 비만에도 도움이 된다. 색깔도 예쁜 이 요리를 느긋하게 즐겨보자.

성견용, 대부분 자연식품 레시피
약 2.6kg 분량(1g당 1.41칼로리)

재료:

- 들소 다짐육 1,417g
  (살코기 함량 90%)
- 들소 간 170g
- 연어 170g
- 큰 달걀 4개
- 버섯(아무거나) 227g
- 라디키오 227g
- 키위 85g
- 아마씨 또는 치아씨드 57g
- 무염 생 브라질너트 2개
- 시나몬가루 6g
- 생강가루 6g
- 달걀 껍질 파우더 15g
- 켈프 파우더 1.5g
  (1g당 아이오딘 700mcg 함유.
  아이오딘 보충제로 대체하면
  아이오딘 총 1,050mcg)

보충제:

- 아연 15mg
- 비타민 E 100 IU

조리법:

1. 큰 볼에 (달걀 껍질 파우더와 켈프 파우더를 제외하고) 모든 재료를 넣고 섞는다.
2. 작은 볼에 파우더류와 보충제를 넣고 잘 섞는다.
3. 2의 절반을 1에 잘 섞은 후 나머지도 넣고 골고루 섞는다.
4. 생식이나 조림, 또는 서서히 익혀서 급여한다.

4장 원전하고 균형 잡힌 식사

바이슨 어텀 하베스트

들소 간은 영양 밀도가 높고 비타민 A, D3, K2, E뿐만 아니라 미네랄도 풍부해 고대 식단의 특징을 보인다. 들소 간은 소 간보다 찾기가 힘들겠지만 힘들게 구할 가치가 충분하다. 버터넛 스쿼시, 방울다다기양배추 같은 채소와 함께 먹으면 화려한 가을의 분위기를 뽐내고 1년 중 언제나 즐길 수 있는 완전하고 균형 잡힌 식사가 된다.

성장기견용, 자연식품 레시피
약 2.8kg 분량(1g당 1.55칼로리)

재료:

- 들소 다짐육 1,417g
  (살코기 함량 90%)
- 들소 간 255g
- 소 비장 28g
  (또는 철분 보충제 18mg)
- 큰 달걀 6개
- 정어리 170g
  (물에 담긴 무염 통조림 제품)
- 굴 113g
  (생물과 통조림 모두 가능.
  또는 아연 보충제 45mg)
- 맥아유 30g
  (또는비타민 E 100 IU)
- 버터넛 스쿼시 170g
- 방울다다기양배추 170g

- 생 해바라기씨 70g
- 크랜베리 57g
  (생물과 냉동 제품 모두 가능,
  설탕 무첨가)
- 시나몬가루 9g
- 말린 타임 9g
- 정향가루 9g
- 소금 6g
- 영양 효모 3g
- 골분 44g
- 켈프 파우더 3g
  (1g당 아이오딘 700mcg 함유.
  아이오딘 보충제로 대체하면
  아이오딘 총 2,100mcg)

조리법:

1. 큰 볼에 (켈프 파우더와
   골분을 제외하고)
   모든 재료를 넣고 섞는다.
2. 작은 볼에 파우더류를 넣고
   잘 섞는다.
3. 2의 절반을 1에 잘 섞은 후
   나머지도 넣고 골고루
   섞는다.
4. 생식이나 조림, 또는
   서서히 익혀서 급여한다.

구강 건강에 좋은 크랜베리: 크랜베리의 많은 효능 가운데에는 플라크를 만드는 구강 세균 포르피로모나스 진지발리스*Porphyromonas gingivalis*와 푸소박테륨 뉴클레아툼*Fusobacterium nucleatum*의 생물막 성장을 늦추는 것도 있다. 크랜베리는 플라크 형성을 95%까지 억제할 수 있다.

그린빈이 들어간 바이슨 슈니첼

슈니첼은 망치로 두드려 부드럽게 만든 얇은 고기에 빵가루를 입혀 튀긴 요리다. 여기에서는 들소 고기를 사용하고 빵가루를 입혀 튀기는 과정은 생략한다. 담백한 맛이지만 여전히 부드럽고 육즙이 풍부하다. 들소 고기는 지방이 적어서 금방 익으므로 요리할 때 주의를 기울일 필요가 있다. 물론 생식으로 급여해도 된다.

활동적이지 않은 성견용, 대부분 자연식품 레시피
약 2.7kg 분량(1g당 1.55칼로리)

재료:

- 들소기 다짐육 1,417g
  (살코기 함량 90%)
- 들소 간 170g
- 큰 달걀 6개
- 정어리 227g(생물 또는
  물에 담긴 무염 통조림 제품)
- 굴 85g
  (생물과 통조림 모두 가능.
  또는 아연 보충제 30mg +
  소금 1g)
- 버섯(아무거나) 142g
- 그린빈 170g
- 생 해바라기씨 113g

- 토마토 113g
- 말린 파슬리 8g
- 말린 타임 8g
- 생강가루 8g
- 영양 효모 5g
- 달걀 껍질 파우더 20g
- 켈프 파우더 2g
  (1g당 아이오딘 700mcg 함량.
  아이오딘 보충제로 대체하면
  아이오딘 총 1,400mcg)

보충제:

- 콜린 1,500mg

조리법:

1. 큰 볼에 (달걀 껍질 파우더와
   켈프 파우더를 제외하고)
   모든 재료를 넣고 섞는다.
2. 작은 볼에 파우더류와
   보충제를 넣고 잘 섞는다.
3. 2의 절반을 1에 잘 섞은 후
   나머지도 넣고 골고루
   섞는다.
4. 생식이나 조림, 또는
   서서히 익혀서 급여한다.

4장 완전하고 균형 잡힌 식사

흰살생선, 양고기, 달걀이 들어간
망고 코코넛 커리

망고와 코코넛은 물론이고 생강과 카레가루 같은 새로운 맛이 가득한 달콤하고 맛있는 특별식이다. 생강은 콜라겐 형성을 돕고 인대와 힘줄을 강화하며 신진대사와 미토콘드리아 기능을 돕는 필수 영양소 망간이 많이 들어 있는 대표적인 식품이다. "흰살생선"은 살이 흰색을 띠는 생선을 포괄적으로 가리키는 말이므로 원하는 것을 선택하면 된다. 대구, 틸라피아, 가자미, 서대, 광어, 도미, 메기, 해덕, 참바리를 추천한다.

성견용, 보충제 레시피
약 2.2kg 분량(1g당 1.41칼로리)

재료:

- 흰살생선 709g
- 양고기 다짐육 454g
- 큰 달걀 9개
- 콜리플라워 170g
- 생 망고 113g
- 빨간 피망 113g
- 무가당 건조 코코넛 과육 57g
  (플레이크 또는 코코넛롱)
- 생 바질 42g
- 순한 맛 카레가루 7g
- 생강가루 7g
- 영양 효모 9g

- 달걀 껍질 파우더 10g
- 켈프 파우더 1g
  (1g당 아이오딘 700mcg 함량. 아이오딘 보충제로 대체하면 아이오딘 총 700mcg)

보충제:

- 아연 45mg
- 구리 4mg
- 마그네슘 100mg
- 철분 18mg
- 비타민 E 100 IU

조리법:

1. 큰 볼에 (달걀 껍질 파우더와 켈프 파우더를 제외하고) 모든 재료를 넣고 섞는다.
2. 작은 볼에 파우더류와 보충제를 넣고 잘 섞는다.
3. 2의 절반을 1에 잘 섞은 후 나머지도 넣고 골고루 섞는다.
4. 생식이나 조림, 또는 서서히 익혀서 급여한다.

카레 선택: 카레가루는 순한 맛, 중간 맛, 매운 맛이 있고 양파가루가 들어간 것도 있다. 반려동물과 함께 먹을 카레가루는 양파가 들어가지 않은 순한 맛을 고른다. 동물 대상 연구에서는 카레에 뇌와 심장, 신장, 신경계를 산화 스트레스로부터 보호해주는 효과가 있음이 증명되었다. 따라서 식단에 카레를 추가하는 것은 전반적인 장기 보호를 위한 똑똑한 선택이다.

흰살생선으로 업그레이드한 셰퍼드 파이

코티지 파이라고도 하는 영국의 셰퍼드 파이는 미트 로프와 비슷한 소울 푸드인데 채소가 들어가 영양가가 높다. 이 레시피에서는 셰퍼드 파이의 주재료인 감자와 다진 고기를 빼고 흰살생선과 파스닙을 사용한다. 크림색 뿌리채소 파스닙은 프리바이오틱스 섬유질, 비타민 C, 항암 작용을 하는 화합물 폴리아세틸렌이 풍부하다.

성견용, 보충제 레시피
약 1.9kg 분량(1g당 1.27칼로리)

재료:
- 생물 흰살생선 709g
- 양고기 다짐육 454g
- 큰 달걀 5개
- 당근 113g
- 파스닙 113g
- 완두콩 113g
  (생물과 냉동 제품 모두 가능)
- 토마토 113g
- 말린 타임 8g
- 강황가루 8g
- 영양 효모 5g
- 달걀 껍질 파우더 9g
- 켈프 파우더 1g
  (1g당 아이오딘 700mcg 함량.
  아이오딘 보충제로 대체하면
  아이오딘 총 700mcg.)

보충제:
- 구리 4mg
- 아연 30mg
- 비타민 E 100 IU

조리법:
1. 큰 볼에 (달걀 껍질 파우더와 켈프 파우더를 제외하고) 모든 재료를 넣고 섞는다.
2. 작은 볼에 파우더류와 보충제를 넣고 잘 섞는다.
3. 2의 절반을 1에 잘 섞은 후 나머지도 넣고 골고루 섞는다.
4. 생식이나 조림, 또는 서서히 익혀서 급여한다.

4장 원천하고 균형 잡힌 식사

그린빈이 들어간 레바논 양고기 & 흰살생선 요리

레바논 요리는 시간이 지나면서 변화했지만 여전히 지중해식에서 영감을 받은 신선한 생선과 병아리콩, 다채로운 채소가 들어가는 메뉴가 중요한 부분을 차지한다. 이 레시피는 당근, 그린빈, 셀러리, 헴프씨드가 들어가 영양가가 풍부하다. 토마토가 촉촉함을 더해주고 암과 심장질환 같은 만성질환 위험을 줄이고 눈 건강을 도와주는 항산화 성분 리코펜도 제공한다. 가족이 레바논 출신인 로드니에게는 더 특별한 요리다.

활동적이지 않은 성견용, 보충제 레시피
약 2.1kg 분량(1g당 1.3칼로리)

재료:
- 생물 흰살생선 680g
- 양고기 다짐육 454g
- 큰 달걀 11개
- 그린빈 170g
- 토마토 85g
- 셀러리 85g
- 당근 85g
- 껍질 벗긴 헴프씨드 12g
- 강황가루 8g
- 시나몬가루 7g
- 마늘 6g
- 영양 효모 4g
- 통후추 간 것 4g
- 달걀 껍질 파우더 11g
- 켈프 파우더 1g
  (1g당 아이오딘 700mcg 함량.
  아이오딘 보충제로 대체하면
  아이오딘 총 700mcg.)

보충제:
- 구리 6mg
- 아연 45mg
- 마그네슘 200mg
- 철분 18mg
- 비타민 B12 100mcg
- 비타민 E 100 IU

조리법:
1. 큰 볼에 (달걀 껍질 파우더와 켈프 파우더를 제외하고) 모든 재료를 넣고 섞는다.
2. 작은 볼에 파우더류와 보충제를 넣고 잘 섞는다.
3. 2의 절반을 1에 잘 섞은 후 나머지도 넣고 골고루 섞는다.
4. 생식이나 조림, 또는 서서히 익혀서 급여한다.

흰살생선, 양고기, 달걀 수프림

보충제를 사용하는 레시피이며 자연식품 몇 가지만 있으면 되므로 레시피 중에서도 가장 간단한 편이다. 하지만 조리법이 간단하다고 우습게 보면 안 된다. 이 식사는 달걀이 들어가 콜린이 풍부하고 아스파라거스가 들어가 섬유질과 비타민 E가 풍부하며 흰살생선이 들어가 미네랄(셀레늄 포함)이 풍부하다. 그리고 양고기는 알레르기나 음식 민감증이 있는 반려동물에게 좋다. 일반적으로 양고기가 소고기나 닭고기보다 적은 반응을 일으키고, 양이 섭취한 음식물을 지방산으로 더 효과적으로 전환해서 소고기보다 오메가-3이 함량이 높기 때문이다.

활동적이지 않은 성묘용, 보충제 레시피
약 2kg 분량(1g당 1.45칼로리)

재료:
- 생물 흰살생선 624g
- 양고기 다짐육 510g
- 큰 달걀 12개
- 아스파라거스 198g
- 영양 효모 14g
- 소금 1g
- 달걀 껍질 파우더 10g
- 켈프 파우더 0.5g
  (1g당 아이오딘 700mcg 함량.
  아이오딘 보충제로 대체하면
  아이오딘 총 350mcg.)

보충제:
- 콜린 2,500mg
- 아연 60mg
- 타우린 2,000mg
- 철 54mg
- 구리 4mg
- 마그네슘 100mg
- 망간 8mg
- 엽산 400mcg
- 비타민 E 100 IU
- 칼륨 1,485mg

참고: 사진은 이 레시피를 조림으로 조리하는 방법을 간단히 보여준다. 조림에 관한 더 자세한 내용은 **166쪽**을 참고한다.

조리법:

1. 큰 볼에 (달걀 껍질 파우더와 켈프 파우더를
   제외하고) 모든 재료를 넣고 섞는다.
2. 작은 볼에 파우더류와 보충제를 넣고
   잘 섞는다.
3. 2의 절반을 1에 잘 섞은 후 나머지도 넣고
   골고루 섞는다.
4. 생식이나 조림, 또는 서서히 익혀서 급여한다.

생선, 토마토, 라이스 전통 스튜

탄수화물이 많이 들어 있는 식사를 정기적으로 급여해선 안 되지만, 쌀은 전 세계 많은 곳의 주식이다. 가끔 쌀밥이 남았을 때 이 스튜를 만들어 반려동물과 함께 먹으면 좋다. 포르투갈에서는 이 전통 요리를 종종 반려동물들에게도 나눠준다.

활동적이지 않은 성견용, 보충제 레시피
약 1.4kg 분량 (1g당 1.23칼로리)

재료:
- 생물 흰살생선 680g
- 토마토 227g
- 당근 227g
- 마늘 8g
- 흰 쌀밥 113g
- 올리브 오일 80g
- 무염 생 아몬드 20개(으깨서)
- 골분 15g

보충제:
- 비타민 B 콤플렉스 1/2정 (B50, 50mg, 갈아서)
- 콜린 1,000mg
- 철분 18mg
- 구리 4mg
- 아연 45mg
- 망간 8mg
- 아이오딘 675mcg

조리법:
1. 큰 볼에 (골분을 제외하고) 모든 재료를 넣고 섞는다.
2. 작은 볼에 골분과 보충제를 넣고 잘 섞는다.
3. 2의 절반을 1에 잘 섞은 후 나머지도 넣고 골고루 섞는다.
4. 생식이나 조림, 또는 서서히 익혀서 급여한다.

브라질리언 치킨

이 닭고기 요리는 남아메리카 최고의 맛이라고 할 수 있는 코코넛, 생강, 파파야가 어우러진 맛있는 스튜다. 파파야에 든 효소 파파인은 단백질 분해를 돕고(그래서 파파야 주스가 고기 연육제로 사용된다) 소화를 촉진하고 통증과 부기를 줄여준다.

성견용, 보충제 레시피

약 2.5kg 분량(1g당 1.2칼로리)

재료:

- 껍질 벗긴 닭고기 1,360g
- 닭 간 170g
- 큰 달걀 4개
- 정어리 170g
  (생물 또는 물에 담긴 무염 통조림 제품)
- 케일 227g
- 빨간 피망 142g
- 잘게 썬 생 파파야 142g
- 잘게 썬 무가당 코코넛 과육 57g
- 생강즙 7g
  (또는 생강가루 5g)

- 정향가루 7g
- 달걀 껍질 파우더 12g
- 켈프 파우더 2g
  (1g당 아이오딘 700mcg 함량. 아이오딘 보충제로 대체하면 아이오딘 총 1,400mcg)

보충제:

- 아연 75mg
- 구리 4mg
- 콜린 1,000mg
- 티아민 50mg
- 비타민 100 IU

조리법:

1. 큰 볼에 (달걀 껍질 파우더와 켈프 파우더를 제외하고) 모든 재료를 넣고 섞는다.
2. 작은 볼에 파우더류와 보충제를 넣고 잘 섞는다.
3. 2의 절반을 1에 잘 섞은 후 나머지도 넣고 골고루 섞는다.
4. 생식이나 조림, 또는 서서히 익혀서 급여한다.

반려견 대부분은 닭고기 섭취 과다: 보통 닭은 대량 생산되고 남은 값싼 조각이나 부위들은 펫푸드 산업에서 사료 제조에 재활용된다. 닭고기에는 오메가-6 지방산이 많고 항염증성 오메가-3(DHA와 EPA)는 들어 있지 않다. 그래서 닭고기는 시간이 지남에 따라 친염증 식품이 될 수 있다. 닭고기를 다른 단백질들과 교대로 제공하면 다양성을 챙길 수 있지만, 전반적인 건강을 고려하면 고함량 오메가-6 식품을 평생 먹이는 것을 우리는 추천하지 않는다.

"칸자Canja"
치킨 스튜

칸자 데 갈리냐Canja de galinha는 잘게 찢은 닭고기와 쌀, 여러 가지 채소로 만드는 간단한 포르투갈 및 브라질 스튜이다. 여기에서는 감자를 쌀로 바꾸고 닭고기의 다크 미트 부위와 가슴살, 내장육을 사용한다. 추울 때나 피로할 때, 기운을 차려야 할 때라면 언제든지 잘어울리는 푸짐한 음식이다!

활동적이지 않은 성견용, 보충제 레시피
약 2.4kg 분량(1g당 1.3칼로리)

재료:
- 껍질 벗긴 닭고기 510g
  (다크 미트 부위)
- 껍질 있는 닭 가슴살 510g
- 닭 모래집 227g
- 닭 심장 227g
- 큰 달걀 10개
- 익힌 감자 340g
- 골분 28g

보충제:
- 피시 오일 4g(1g당
  EPA+DHA 함량 250mg 이상)
- 아이오딘 900mcg
- 비타민 A & D 첨가된
  대구 간유 3g
- 마그네슘 300mg
- 구리 6mg
- 아연 45mg
- 망간 8mg
- 비타민 B 콤플렉스 1/2정
  (B50, 50mg, 갈아서)
- 비타민 E 100 IU

조리법:
1. 큰 볼에 (골분을 제외하고) 모든 재료를 넣고 섞는다.
2. 작은 볼에 골분과 보충제를 넣고 잘 섞는다.
3. 2의 절반을 1에 잘 섞은 후 나머지도 넣고 골고루 섞는다.
4. 생식이나 조림, 또는 서서히 익혀서 급여한다.

우리 주변 세상에는 아름다운 것들이 가득하지만 그만큼 해로운 것도 많다. 자동차들은 일산화탄소 배기가스를 공기 중으로 내뿜고, 폴리에틸렌과 폴리프로필렌으로 구성된 미세 플라스틱이 바다를 오염시키고 있다. 집과 마당은 우리가 생각하는 것처럼 안전한 피난처가 아닐 수 있다. 우리는 신경계를 겨냥하는 살충제를 잔디에 뿌리고 미생물 군집을 파괴하는 반휘발성 유기 화합물로 집 안을 청소하며 내분비계를 교란하는 프탈레이트로 남은 음식을 포장한다. 우리뿐만 아니라 반려동물들도 그 해로운 결과를 감당해야만 한다. 많은 개가 매일 권장량보다 22%나 많은 화학물질(클로르피리포스, 다이아지논, 사이퍼메트린 포함)을 섭취한다. 고양이의 경우는 무려 14~100% 많을 수도 있다.

반려동물을 안전하게 보호하는 것은 우리 집 안을 해독하는 일에서 시작한다. 그래서 이 책은 반려동물을 치명적인 화학물질에서 벗어나게 해주는 청소 세제, 잔디 관리제, 세탁 세제, 방향제, 응급약 레시피를 소개한다. 쉽게 만들 수 있으면서도 얼룩과 해충, 때를 효과적으로 제거해줄 것이다. 모두 과학을 바탕으로 집 안에서 흔히 보이는 재료들을 이용해 만든다.

포에버 펫을 만들려면 음식뿐만 아니라 환경에도 신경 써야 한다.

2부
포에버 홈

5장

실내 & 야외
레시피

이 장에서 소개하는 가정용품 레시피는 별도의 언급이 없는 한 레시피를 정확하게 따라야 한다. 아무리 모든 재료가 무독성이고 과학적으로 뒷받침되는 효과를 고려해 신중하게 선택되었지만, 재료들을 임의로 합치거나 대체하거나 생략하면 완성품을 사용하지 못할 수도 있다(안정성은 여전히 보장되겠지만). 기억하자. 집을 친환경으로 깨끗하게 유지하는 것은 여러분에게도 좋은 일이다. 사랑하는 반려동물과 더 오랫동안 함께할 수 있다.

　잔디밭을 친환경으로 관리하고 해충 없는 정원을 만들려면 큰 비용이 들어간다. 여기에서 말하는 비용은 돈이 아니다. 가장 흔하게 사용되는 화학 살충제 글리포세이트는 암 위험을 높이고 염증을 유발하고 호르몬 기능을 방해하고 뇌 기능 장애를 일으킨다. 그런 독소들은 지구에도 해롭다. 잔디밭에 뿌린 약이 물을 오염시키고 아산화질소를 공기 중으로 방출하고 토양의 영양분을 파괴한다.

　이 장에 나오는 레시피들과 함께 독소를 버리고 천연 성분을 선택하자.

다목적 세정제

카스틸 비누는 생분해성 견과류 또는 식물성 오일(코코넛, 헴프, 아몬드, 호두 오일 등)로 만든다. 가성 소다액이 들어가지만(거품을 나게 한다) 비누에 사용될 때는 지극히 안전하다. 반려동물이 가성 소다액이 들어간 비누를 핥거나 먹지 못하게 해야 한다. 하지만 접촉해도 독성 작용을 일으키지는 않는다.

약 1.5컵 분량

- 카스틸 비누 3방울
- 정수된 물 1컵
- 소독용 알코올 1/2컵(70%)
- 선택 사항: 베르가못 또는 레몬 에센셜 오일 2 ~ 3방울

모든 재료를 섞어 스프레이 병에 넣는다.

살균소독제

레몬에 들어 있는 구연산은 천연 살생 물질이지만 집 안에 레몬 향이 나는 것을 원하지 않는다면 레몬 껍질 대신 로즈메리 오일이나 클로브 오일 같은 에센셜 오일 30방울을 사용한다. 두 가지 오일을 모두 사용할 수도 있다(각각 15방울). 로즈메리 오일과 클로브 오일은 모두 (단독이든 섞어서 사용하든) 표피포도상구균*Staphylococcus epidermidis*과 대장균, 칸디다 알비칸스*Candida albicans*에 상당한 항균 효과가 있다.

약 1.75컵 분량

- 6개 분량의 레몬 껍질
  (또는 레몬 1개당 레몬즙 2 ~ 3큰술)
- 소독용 알코올 2컵(70%)
- 선택 사항: 레몬 에센셜 오일 30방울

1. 알코올에 레몬 껍질을 넣는다.
2. 용기에 담고 단단히 밀폐해
   증발을 막은 상태로 3주간 놓아둔다.
3. 스프레이 병에 액체를 넣는다.
4. 선택 사항: 더 강한 레몬 향을 원하면
   3주 후 레몬 에센셜 오일 30방울을 추가한다.

욕조/타일/싱크대 살균소독제

욕실에는 세 가지 유형이 있다. 더럽거나 정말 더럽거나 정말 정말 더럽거나. 그래서 욕조, 타일, 싱크대용 세정제는 세 가지 옵션이 있다.

옵션 1

가벼운 청소에 적합하다.

약 1.5컵 분량

- 백식초 또는 소독용 알코올(70%) 170g
- 물 170g
- 원하는 에센셜 오일 20방울(유칼립투스, 로즈메리, 페퍼민트, 레몬, 라벤더 등). 총 20방울이 되도록 여러 가지를 섞어도 된다.

재료를 섞어서(식초와 알코올을 모두 사용하면 안 된다. 하나만 선택.) 스프레이 병에 넣는다.

옵션 2

가벼운 청소와 지저분한 타일 틈새 청소에 적합하다. 안타깝게도 이 혼합물은 안정성이 오래 지속되지 않는다. 빛이나 공기에 노출되면 효과가 떨어지므로 청소하기 전에 만들어 바로 사용하는 것이 좋다.

1.5컵 분량

- 과산화수소 170g
- 물 170g
- 원하는 에센셜 오일 20방울(유칼립투스, 자몽씨, 로즈메리, 페퍼민트, 레몬, 라벤더 등). 총 20방울이 되도록 여러 가지를 섞어도 된다.

1. 재료를 섞어서 스프레이 병에 넣는다.
2. 타일 틈새에 직접 분사하고 몇 분 기다렸다가 단단한 솔로 청소한다.

옵션 3

표면 얼룩 청소에 적합하다.

- 베이킹 소다, 과산화수소

1. 싱크대, 욕조, 욕실 표면에 베이킹 소다를 뿌린다.
2. 1~2분 후 솔, 스펀지, 또는 천으로 문지른다.
3. 천, 스펀지 또는 브러시에 과산화수소를 붓고 계속 문지른다.
4. 1~2분간(강한 얼룩일 경우에는 더 오래) 기다린 후 물로 헹군다.

에센셜 오일에 대해 꼭 알아야 할 것: 에센셜 오일은 매우 다양한 특징을 가지고 있다. 항미생물 작용이 뛰어나 청소에 효과적인 것도 있고 마음을 진정시켜 주는 향기로 자연의 향수 기능을 하는 것도 있다. 믿을 수 있는 제조업체에서 만든 순도 100%의 질 좋은 제품을 이용하자. 합성 제품은 절대로 안 된다. 에센셜 오일을 반려동물의 피부에 직접 바르면 안 된다. 가족 중에 에센셜 오일에 민감하거나 알레르기 있는 사람이 있다면 사용하지 말 것을 권한다.

- **유칼립투스 오일:** 알레르기 반응의 중증도를 줄여 계절성 알레르기 개선에 도움을 준다.
- **레몬 오일:** 강력한 항바이러스 효과가 있다.
- **오렌지 오일:** 불안과 스트레스를 최소화하는 효과가 있어서 빨래, 이불, 수건, 가운, 베개 등에 뿌리면 상쾌한 느낌을 준다.
- **페퍼민트 오일:** 실내에서 사용할 수 있는 천연 해충 기피제.
- **타임 오일:** 곰팡이 증식을 효과적으로 막아주는 강력한 항진균제.
- **로즈메리 오일:** 72쪽 참조.
- **클로브 오일:** 73쪽 참조.
- **님 오일:** 매우 효과적인 살충제.
- **시디 오일:** 진드기를 퇴치한다.
- **개박하 오일:** 264쪽 참조.
- **제라늄 오일:** 훌륭한 모기 퇴치제.

마지막으로, 반려동물 주변에 다음의 에센셜 오일을 사용하면 안 된다.

- **티트리 오일은 고양이에게 민감한 반응을 일으킬 수 있다.**
- **페니로열 오일은 개에게 민감한 반응을 일으킬 수 있다.**

스크럽 세정제

싱크대, 조리대, 또는 비연마성 스크럽 세정제가 필요한 모든 곳에 사용한다.

- 베이킹 소다 1컵
- 카스틸 비누 1컵
- 오렌지 또는 레몬 에센셜 오일 25 ~ 50 방울(섞어서 사용 가능)
- 로즈메리 또는 레몬그라스 에센셜 오일 25 ~ 50방울(섞어서 사용 가능)
- 식물성 글리세린 2작은술

1. 용기에 재료를 넣는다.
2. 사용하기 전에 잘 섞는다.

석재 조리대 세정제

화강암, 대리석 등 석재 표면의 크고 작은 얼룩을 닦을 때 사용한다.

약 2.5컵 분량

• 물 2컵

• 소독용 알코올 1/2컵

• 카스틸 비누 3 ~ 5방울

• 선택 사항: 콜로이드 실버colloidal silver 14g, 에센셜 오일 3방울

1. 스프레이 병에 넣어 잘 섞는다.
2. 얼룩에 직접 분사하고 부드러운 천으로 깨끗하게 닦아낸다.

고양이는 탄광의 카나리아: 최근의 한 연구에서는 개와 고양이가 일반적인 오염 물질인 폴리염화 바이페닐polychlorinated biphenyl, 폴리브롬화 디페닐에테르(polybrominated diphenyl ethers, PBDE), 유기염소계 농약organochlorine pesticide, 살진균제, 유기인화합물 난연제, 멜라민에 노출된 이후의 혈청, 전혈, 모발, 소변 수치를 조사했다. 전반적으로 이 화학 물질들의 수치는 고양이들에게 더 높게 나타났는데, 대부분을 대사할 수 없기 때문이다.

청소기 & 야외 레시피

바닥 세정제

타일 바닥의 얼룩이나 먼지를 제거할 때나
일반적인 청소용으로 사용한다.

약 5.5컵 분량

- 물 4컵
- 백식초 1컵
- 소독용 알코올(70%) 1/2컵
- 선택 사항: 원하는 에센셜 오일 3방울

용기에 넣어 잘 섞고 걸레에 묻혀 바닥을 닦는다.
청소 후 바닥을 헹굴 필요가 없다.

나무 바닥 세정제

거의 모든 바닥에는 분변성 세균을 비롯한
세균 군집이 엄청나게 번식하고 있다.
그리고 바닥에는 항생제 내성이 있는 세균들도
있을 것이다. 이 세정제로 나무 바닥의 얼룩과
먼지, 해로운 세균들을 제거하자.

약 5컵 분량

- 물 4컵
- 백식초 1/4컵
- 올리브 오일 1작은술
- 선택 사항: 원하는 에센셜 오일 5방울

용기에 넣어 잘 섞고 걸레에 묻혀 바닥을 닦는다.
청소 후 바닥을 헹굴 필요가 없다.

해로운 시판 가구 광택제: 시판 가구 광택제에는 대부분 방향족 용매(벤젠, 톨루엔), 페놀, 석유 증류물(나프타 또는 미네랄 스피릿이라고도 함), 실리콘, 합성 고분자, 사이클로테트라실록산, 테레빈유가 들어 있다. 벤젠은 발암물질이고 미네랄 스피릿은 DNA를 손상시키고 사이클로테트라실록산은 생식과 발육 문제를 일으킨다. 스프레이 가구 광택제에는 탄화수소(탄소와 수소로 이루어진 유기 화합물)가 들어 있어서 흡입시 시야가 흐려지고 저혈압, 구토 등을 유발할 수 있다.

가구 광택제

목재 마감이 연약할 수 있으므로 눈에 띄지 않는 부분에 먼저 테스트해본 후에 사용한다.

1/3컵이 조금 넘는 분량

- 백식초 1/4컵
- 올리브 오일 2큰술
- 레몬 오일 2~4방울

1. 스프레이 병이나 작은 용기에 넣어 섞는다.
2. 깨끗한 천에 묻혀 나무 표면을 문질러 닦는다.

향기로운 방 탈취제

252쪽의 시머링 팟 레시피는 넓은 공간(또는 집 전체)에서 좋은 냄새가 풍기게 하는 데 효과적이지만, 이 탈취제는 작은 공간이나 방 하나에 적당하다.

2컵 분량

- 물 1컵
- 위치 헤이즐(풍년화) 1컵
- 도수 50% 이상 보드카 또는 향수 제조용 알코올
- 에센셜 오일 10방울(기호에 따라 그 이상)
  한 가지 오일을 사용해도 되고 그 어떤 조합도 가능
  (레몬, 라임, 오렌지, 라벤더, 자몽, 캐모마일,
  베르가못, 클래리 세이지, 로즈메리, 레몬그라스,
  진저, 마조람, 프랑킨센스, 린덴 블로섬 등).
  캐런이 가장 좋아하는 조합은
  클로브, 오렌지, 린덴 블로섬이다.
  좋아하는 허브와 껍질을 넣어도 된다.

1. 모든 재료를 스프레이 병에 넣는다.
2. 잘 흔들어서 사용한다.

유리 세정제

친환경 세정제로 가장 좋은 재료 중 하나인 식초로 만드는 유리 세정제. 헹굼 보조제(헹굼 보조제가 쓰이는 곳에 추가하면 된다), 배수구 세정제(베이킹 소다 1/2컵을 배수구에 붓고 백식초 1컵을 추가한 후 거품이 멈추면 미지근한 물로 씻어낸다), 스테인리스 스틸 세정제 등으로도 사용할 수 있다.

약 1.5컵 분량

- 물 1컵
- 백식초 1/4컵
- 소독용 알코올 1/4컵

스프레이 병에 넣어 잘 섞는다.

세탁세제

반려동물의 장난감, 침대, 스웨터 등을 세탁하면 좋은 매우 효과적인 무독성 세제.

3.8리터 또는 약 64회 분량

- 베이킹 소다 1컵
- 바다 소금 1/4컵
- 따뜻한 물 3.7리터
- 액상 카스틸 비누 1컵
- 선택 사항: 원하는 에센셜 오일 25 ~ 50 방울
  (티트리, 레몬그라스, 레몬, 페퍼민트, 라벤더 등)

1. 4리터 용기에 베이킹 소다와 소금을 넣어 섞는다.
2. 따뜻한 물 2컵을 넣고 흔들어서 녹인다.
3. 카스틸 비누를 넣고 흔들어서 잘 섞는다.
4. (원하는 경우) 에센셜 오일을 첨가한다.
5. 준비한 따뜻한 물을 용기에 채운다.

1회에 1/4컵을 사용한다.

세탁세제

건조기 시트

건조기에서 꺼냈을 때 옷에서 나는 상쾌한 냄새는 좋지만 옷에 가득한 "상쾌한" 향이 건조기 시트에 들어간 해로운 화학 첨가제에서 나온다는 것을 기억하자. 만약 "상쾌한" 향이 나지 않는다면 "가림제"를 사용해 덮었기 때문이다. 무독성 건조기 시트를 만들어 사용해보자.

- 백식초 1/2컵
- 물 1컵
- 원하는 에센셜 오일 15 ~ 20방울
  (오렌지, 레몬, 라벤더가 좋다)

1. 밀폐 뚜껑이 있는 유리병에
   모든 재료를 넣는다.
2. 워시클로스나 티셔츠 자른 조각
   여러 장을 병에 넣어 적신다.
3. 건조기를 돌릴 때마다 한 장씩 넣는다.
4. 건조가 끝난 후에는
   시트를 다시 병에 넣는다.

절대 깨끗하지 않은 세탁세제: 미국 가정의 일주일 세탁량은 평균 약 36kg에 달한다. 시중에서 판매되는 세제를 사용하면 세탁물에서 나오는 독소가 지하수면으로 흘러 들어가 공기 중으로 퍼진다. 시판 세탁세제와 건조기 시트에 들어 있는 대표적인 유해 화학물질을 살펴보자.

- **노닐페놀 에톡시레이트**(Nonylphenol ethoxylate, NPE): 내분비계 기능을 교란하고 태아 발달에 해를 끼치고 장기 기능 장애를 일으킬 수 있다. 유럽 연합과 캐나다에서는 이미 금지되었지만 미국에서는 계속 사용되고 있다.

- **직쇄 알킬벤젠술폰산염**(Linear alkyl benzene sulfonate, LAS): LAS가 생성되면 벤젠 같은 발암물질과 독소가 환경에 방출된다. 대장암 세포를 증식시키는 것으로 밝혀졌다.

- **1, 4-디옥산**(1, 4-dioxane): 피부, 눈, 호흡기에 자극을 주는 용매이며 간과 신장 손상을 일으킬 수 있다. 지하수에 널리 퍼져 있지만 화학적 성질 때문에 제거하기가 어려워서 과학자들이 크게 우려하는 위험 오염 물질이다.

원단 탈취제

냄새나는 옷, 시트, 가구, 수건을 미처 세탁할 시간이 없다면? (독성 있는) 시판 탈취제는 제쳐두고 이 레시피에 도전해보자. 하나 더! 이 레시피는 개미 퇴치제와 벌레 퇴치제로도 효과가 좋다. 단, 식초 성분이 손상을 일으킬 수 있으므로 화강암이나 돌, 화분에는 사용하지 않는다.

약 1컵 분량

- 백식초 1컵
- 에센셜 오일 5방울

  (레몬, 로즈메리, 레몬그라스, 라벤더가 좋다. 강한 향을 원한다면 더 많이 사용해도 된다.)

- 선택 사항: 에센셜 오일 대신 식초에 감귤류 껍질과 허브를 넣어서 사용해도 된다. 원하는 향이 나올 정도의 양을 사용한다.

스프레이로 사용하려면:

1. 미스트 병 또는 스프레이 병에 식초를 넣는다.
2. 에센셜 오일, 허브 또는 껍질을 넣는다.

   참고: 껍질이나 허브를 사용할 경우에는 먼저 껍질이나 허브를 약 1리터 유리 용기에 절반 정도 채운 후 식초를 붓고 8 ~ 10일 놓아둔다. 껍질과 허브를 꺼내고 액체를 스프레이 병에 옮긴다.
3. 잘 흔들어서 사용한다.

방 탈취제로 사용하려면:

1. 볼에 백식초와 에센셜 오일 또는 껍질이나 허브를 담근 식초를 넣는다.
2. 볼을 냄새 제거가 필요한 방에 놓아둔다.

새 병 사용하기: 다 쓰거나 오래된 세정제 병에 식초를 붓지 않는다. 세정제에 들어간 미량의 식초가 플라스틱에 남아 해로운 증기를 만들어낼 수 있다. 항상 새 병을 사용한다.

카펫 탈취 파우더

시중에서 파는 카펫 파우더의 가장 일반적인 성분은 발암물질인 퍼클로로에틸렌이다. 이것은 인지 장애와 신경 장애를 일으킬 위험이 있다. 카펫 파우더를 진공청소기로 빨아들이면 공기 중으로 이동해 호흡기로 들어갈 수 있다. 카펫을 깨끗하게 청소하고 싶다면 그런 독소가 아니라 만들기 쉬운 이 탈취 파우더를 써보자.

약 2컵 분량
- 베이킹 소다 2컵
- 원하는 조합의 에센셜 오일 25 ~ 40방울

1. 볼에 베이킹 소다와 에센셜 오일을 담고 거품기로 덩어리가 없을 때까지 저어준다.
2. 유리병에 붓고 20분간 둔다.
3. 카펫에 뿌리고 진공청소기를 돌린다.

카펫 클리너

카펫이 있는 곳에 반려동물이 있으면 얼룩이 생길 수밖에 없다. 이 세정제로 카펫의 얼룩을 제거해보자.

약 1.25컵 분량
- 백식초 1/4컵
- 따뜻한 물 1컵
- 투명 주방 세제 1작은술
- 필요에 따라: 베이킹 소다(얼룩 크기에 따라 다름)

1. 스프레이 병에 식초, 물, 주방 세제를 넣고 섞는다.
2. 카펫의 얼룩이 완전히 덮일 정도로 베이킹 소다를 넉넉하게 뿌려준다.
3. 베이킹 소다가 마를 때까지 기다렸다가 청소기를 돌린다.
4. 얼룩 위에 1을 뿌린다.
5. 물 묻힌 깨끗한 흰색 천으로 얼룩을 닦아낸다. 베이킹 소다 잔여물이 남지 않아야 한다.
6. 따뜻한 물로 헹군 후 잔여물이 없어질 때까지 천으로 다시 문질러준다.
7. 위의 과정을 필요한 만큼 반복해 얼룩을 완전히 제거한다.
8. 비누나 베이킹 소다 잔여물이 남으면 물과 백식초를 3:1 비율로 섞어서 뿌리고 닦아낸다.

진공청소기 꼭 돌리기: 이 자연 친화적인 카펫 클리너는 효과가 좋지만, 카펫은 일주일에 한 번 이상 반드시 진공청소기로 청소해야 한다. 그래야 카펫에 달라붙어 자리 잡는 먼지진드기, 비듬, 바퀴벌레 알레르겐, 오염, 곰팡이 포자, 살충제 유독가스 등을 제거할 수 있다. 이것들은 전부 경증 인지 장애, 알레르기 및 자극, 천식의 위험을 높인다.

미국폐협회American Lung Association와 미국환경보호국(US Environmental Protection Agency, EPA)은 헤파 필터HEPA가 적용된 진공청소기를 사용하고 일 년에 한 번 전문가를 통해 딥 클리닝을 할 것을 권장한다.

집 안을 향기롭게 하는 시머링 팟

집 안에 "상쾌한" 향을 풍기게 해주는 시판 방향제는 독성이 매우 강하다. 안타깝게도 로드니는 그 사실을 직접 체험했다. 그의 반려견 슈비가 디퓨저 성분 때문에 목숨을 잃을 뻔했기 때문이다. 방향제나 플러그인, 대부분의 양초에는 폼알데하이드, 석유 증류액, 리모넨, 에스테르, 알코올 같은 휘발성 유기 화합물이 들어 있다. 방향제에는 암, 당뇨, 비만, 대사증후군을 일으키는 내분비 교란 물질도 들어 있다. 가스레인지에 올려서 만드는 무독성의 방향제 시머링 팟simmering pot을 사용해보자. 재료의 양은 원하는 대로 조절하면 된다.

스프링 가든Spring Garden
- 라임이나 레몬 2~3개
  (껍질째 슬라이스 또는 껍질)
- 로즈메리 또는 타임 가지 1~2개
- 민트 가지 2~3개
- 1인치 생강(얇게 슬라이스)
- 선택 사항: 라벤더

윈터 홀리데이Winter Holiday
- 크랜베리 1/2~1컵
- 오렌지 1개(껍질째 슬라이스)
- 시나몬 스틱 3~4개
- 로즈메리 가지 2개
- 정향 1큰술

폴 스파이스Fall Spice
- 사과 1개(껍질째 슬라이스 또는 통째로)
- 펌프킨 스파이스 1큰술
  또는 호박 껍질 3~4개
- 시나몬 스틱 3~4개
- 정향 1큰술
- 육두구 2~3작은술
- 바닐라 추출물 1큰술
  또는 바닐라빈 1~2개
- 선택 사항: 물 대신 애플 사이다 사용

모닝 라이즈 앤 샤인Morning Rise and Shine
- 볶은 커피콩
  또는 말린 커피 찌꺼기 1/4컵
- 시나몬 스틱 3~4개
- 바닐라빈 1~2개
  또는 바닐라 추출물 1큰술
- 카다멈 1~2큰술

1. 네 가지 향 모두 만드는 방법은 똑같다.
   작은 냄비에 물을 넣고 물이 끓으면
   (슬로 쿠커 사용 가능) 모든 재료를 넣는다.
2. 불을 줄여 2~3시간 동안 끓이면 향기가
   집에 가득 퍼진다. 필요하면 물을 추가한다.

저렴한 DIY 공기청정기

특히 화학물질 아크롤레인과 비소가 일으키는 실내 공기 오염은 인간과 개 모두에게 방광암을 일으킬 수 있다. 헤파 필터가 달린 공기청정기는 실내 공기 오염을 제거하는 그 무엇보다 효과적인 장치지만 가격이 만만치 않다(1,000달러가 넘을 수도 있다). 아주 저렴한 가격으로 먼지, 꽃가루, 화학물질, 연기, 비듬 등을 제거해주는 공기청정기를 직접 만들어보자.

- 50cm 박스형 선풍기
- 50×50cm 주름형 흰색 난방기/
  HVAC 에어 필터(MERV−13 등급)
- 투명 포장 테이프

1. 에어 필터를 선풍기 뒷면에 딱 맞춰서 놓는다.
2. 테이프로 필터를 선풍기에 단단히 고정한다.
   빈틈이 없는지 확인한다.
3. 선풍기를 켠다.

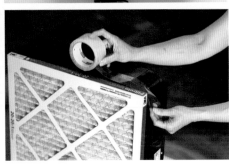

공기를 깨끗하게 하는 다른 방법: 집 안의 공기에서 독소와 알레르겐 등을 효과적으로 제거하는 방법은 DIY 공기청정기 말고도 여러 가지가 있다.

- **HEPA 필터에 투자하기:** 헤파 필터는 알레르겐 입자를 0.3미크론 크기까지 최소 99.97% 제거할 수 있다(참고로, 머리카락 한 가닥의 너비는 100미크론이다). 헤파 필터는 기체나 미생물이 아닌 입자만 걸러낸다는 사실을 알아야 한다. 그리고 미국 정부 기준에 부합함을 나타내는 "진짜 HEPA" 필터 제품을 구매해야 한다.

- **반려동물에게 안전한 화분 놓아두기:** 화분의 흙 속에 들어 있는 미생물은 (석유 기반 제품에서 발견되는) 벤젠과 (페인트, 바니시 등에서 발견되는) 트라이클로로에틸렌, (단열재, 종이 제품 등에서 발견되는) 폼알데하이드를 제거해 줄 수 있다. 실제로 실내 식물은 가장 독성이 강한 실내 오염 물질을 단 8시간 만에 무려 97%까지 제거할 수 있다. 또한 식물 화분을 집에 두면 일산화탄소 50%, 휘발성 유기 화합물 75%, 미세먼지 농도 30%를 줄일 수 있다.

- **창문 열기:** 환기가 잘 되면 가전제품에서 나온 가스뿐만 아니라 집 안에 쌓인 먼지와 오염 물질이 밖으로 빠져나갈 수 있다.

- **천연, 무독성 제품 사용하기:** 해로운 성분이 든 제품을 사용하면 집 안 공기와 환경이 오염된다.

- **반려동물과 리터박스(고양이 화장실), 카펫을 깨끗하게:** 251쪽 참조. 카펫에는 온갖 종류의 오염 물질과 독소가 달라붙는다. 리터박스를 자주 청소하지 않으면 집 안에 암모니아 가스가 축적될 수 있다. 고양이 배설물에 든 톡소플라스마 원충의 알은 공기 중으로 이동해 톡소플라스마증을 일으킨다. 개털의 흙과 먼지, 배설물, 세균, 오염 물질도 집 안에 퍼질 수 있다.

- **반려동물의 식단에 채소 추가:** 당근, 파슬리, 셀러리, 파스닙 같은 미나릿과 채소는 자동차 배기가스와 담배 연기에서 발견되는 화학물질 아크롤레인이 일으키는 산화 스트레스를 줄여주는 효과가 있다고 밝혀졌다. 반려동물에게 이 채소들을 먹이면 간이 아크롤레인을 몸 밖으로 배출하도록 도울 수 있다.

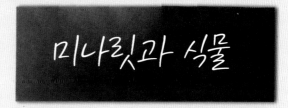

미나릿과 식물

파슬리 *petroselinum crispum*	딜 *anethum graveolens*	아니스 *pimpinella anisum*
셀러리 *apium graveolens*	고수 *coriandrum sativum*	펜넬 *foeniculum vulgare*
당근 *daucus carota*	파스닙 *pastinaca sativa*	커민 *cuminum cyminum*

개미 퇴치제

전혀 반갑지 않은 개미를 퇴치해주는 스프레이다. 원한다면 파촐리 오일을 넣어도 된다. 파촐리 오일은 3종의 도시 개미를 80% 이상 퇴치하는 효과가 있다!

• 식초 2컵(백식초와 애플 사이다 비니거 모두 효과적)

• 물 1컵

• 투명 주방 세제 1큰술

• 에센셜 오일 15 ~ 20방울(페퍼민트, 파촐리 또는 시더우드)

1. 모든 재료를 섞어 스프레이 병에 넣는다.

2. 흔들어서 사용한다.

잡초 제거제

시나몬 오일은 과학자들이 화학 제초제의 효과적인 대안으로 추천할 정도로 잡초를 죽이는 힘이 강력하다. 향기도 좋다!

약 1리터 분량

- 백식초 0.9리터(10 ～ 20% 아세트산)
- 오렌지 에센셜 오일 28g
- 시나몬 에센셜 오일 14g

1. 모든 재료를 섞어 스프레이 병에 넣는다.

2. 더운 한낮에 직사광선 아래에서 잡초에 직접 제초제를 뿌린다. 21℃ 이상이 좋다. 토양이 건조할 때 가장 효과적이므로 비 예보가 있을 때는 사용하지 않는다.

3. 반려동물의 피부에 닿으면 자극을 일으킬 수도 있으니 제초제가 마를 때까지 접근시키지 않는다.

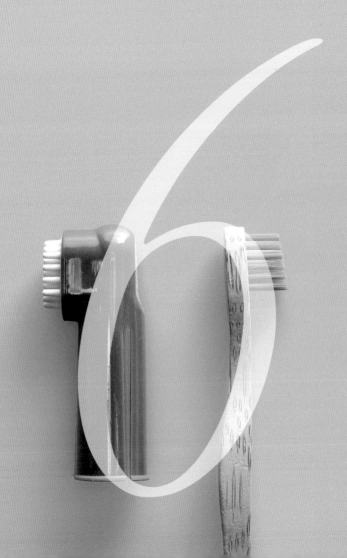

6장

몸을 위한
레시피

반려동물의 몸은 발부터 귀, 털까지 특별한 관심이 필요하다. 반려동물용 그루밍 제품에는 발음조차 어려운 자극적인 성분들이 합성 향료와 함께 잔뜩 들어 있다. 이 레시피들은 깨끗하고 간단한 재료로 만들어 반려동물들을 안전하게 그루밍해 줄 수 있다.

고양이 목욕 팁: 보통 고양이들은 목욕을 싫어한다. 목욕시키기 전날 손톱을 정리하고 고양이를 세면대에 넣기 전에 준비물을 미리 다 챙겨두자.

- **2인 1조:** 두 사람이 투입되면 더 빠르다. 한 명은 잡고 한 명은 씻긴다.
- **샴푸 희석하기:** 그래야 털 전체에 샴푸가 잘 묻고 빠르게 헹굴 수 있다. 소량의 심플 샴푸 (약 1/4컵, 260쪽 참조)를 따뜻한 물 2컵에 미리 풀어놓는다.
- 세면대 바닥에 낡은 수건을 깔아놓는다(고양이들은 발이 미끄러지지 않으면 더 안전하다고 느낀다).
- 샤워기 수압이 중–약으로 설정되어 있는지, 물이 뜨겁지 않고 따뜻한지 확인한다.
- 씻은 후에는 잘 헹군다. 고양이를 수건으로 감싸고 마를 때까지 따뜻한 곳에서 껴안아준다.

심플 샴푸

- 순수 카스틸 비누 1/4컵
- 물 1/2컵
- 녹은 코코넛 오일 1작은술

1. 모든 재료를 용기에 넣고 잘 섞는다.
2. 반려견의 털에 물을 잘 묻히고
   피부 깊숙이까지 샴푸를 문질러준다.
   얼굴과 귀는 피한다.
3. 깨끗이 헹군다.

호머

호머 샴푸

가려운 피부를 위한 샴푸

진정 효과가 있고 효모균을 물리치는 코코넛 오일과 항염증 효과가 있는 제라늄 오일, 역시 진정 효과가 있는 라벤더 오일로 만드는 이 샴푸는 피부 가려움을 줄여준다.

- 순수 카스틸 비누 1/4컵
- 물 1/2컵
- 녹은 코코넛 오일 1작은술
- 라벤더 에센셜 오일 10방울
- 제라늄 에센셜 오일 10방울

1. 모든 재료를 용기에 넣고 잘 섞는다.
2. 반려견의 털에 물을 잘 묻히고
   피부 깊숙이까지 샴푸를 문질러준다.
   얼굴과 귀는 피한다.
3. 깨끗이 헹군다.

탄산수를 사용해보자: 탄산수도 가려운 피부에 효과적인 치료제가 될 수 있다. 혈류를 증가시키지만 피부 기능에는 부정적인 영향을 미치지 않기 때문이다.

코트 컨디셔너

이 컨디셔너는 수분을 공급하고 피부를 진정시키고 아주 좋은 향이 난다. 샴푸 다음에 사용한다.

1/3컵 분량
- 녹은 코코넛 오일 1큰술
- 원하는 오일 1큰술
  (호호바, 아르간, 올리브 또는 아보카도 오일)
- 꿀 1큰술
- 물 또는 원하는 차 1큰술(로즈마리 추천)
- 애로루트가루 1큰술

1. 모든 재료를 용기에 넣고 잘 섞는다.
2. 샴푸 후 반려견의 털에 잘 문질러준다.
   얼굴과 귀는 피한다.
3. 5 ~ 10분 후 구석구석 잘 헹군다.

냉장고에 최대 3일간 보관한다.

벼룩 샴푸

천연 성분으로 만드는 이 벼룩 샴푸는 매우 효과적이지만 모든 벼룩 치료법이 그렇듯 100% 완벽하게 제거하지 못할 수도 있다. 매일 벼룩 빗으로 빗질해주고 진공청소기로 집 안 구석구석을 청소하는 것도 잊지 말자.

약 1.5컵 분량

- 순수 카스틸 비누 1/2컵
- 알로에 베라 겔 1/4컵
- 끓는 물 1컵
- 녹차 티백
- 페퍼민트 티백
- 님 오일 20방울
- 선택 사항: 라벤더 또는 레몬그라스 에센셜 오일 10방울

1. 냄비에 물을 넣고 끓인다.
2. 끓는 물에 티백을 넣는다.
3. 티백을 꺼내고 식힌다.
4. 카스틸 비누와 남은 재료를 넣고 잘 섞는다.
5. 반려동물을 목욕시킨다.
   눈, 코, 입, 귓구멍을 피해서 샴푸를 묻힌다. 거품이 충분히 나도록 몸 전체를 골고루 문지른다. 깨끗이 헹군다.

가려움증에 좋은 프로바이오틱 린스

이 린스는 피부가 가렵고 자극이 일어난 반려동물들에게 훌륭한 치료제다. 문제가 해결되지 않거나 반려동물이 많이 힘들어하면 언제든 동물병원을 찾는다. 피부가 가려운 것은 다른 기저 질환의 신호일 수도 있기 때문이다.

약 3컵 분량

- 플레인 콤부차 1/2컵
- 녹차 1컵
- 페퍼민트차 1컵
- 위치 헤이즐(풍년화) 1/2컵
- 초유 파우더 1/2큰술
- 프로바이오틱스 파우더 1작은술

  (포자를 형성하는 토양 기반 제품이 가장 좋다)

1. 볼에 재료를 넣고 잘 섞는다.
   모든 재료를 섞어서
   스프레이 병에 넣어도 된다.
2. 목부터 몸 전체에 뿌리거나 바른다.
   눈은 피한다.
3. 피부에 잘 발라주고 수건으로 닦는다.
   헹구지 않는다.

6장 몸을 위한 레시피

DIY 모기 스프레이

고양이는 개박하를 좋아하지만(피부에 진정 효과가 있다) 모기는 개박하를 싫어한다. 개박하에는 모기의 체내에 불편한 감각을 자극하여 퇴치하는 네페탈락톨이라는 화학물질이 들어 있다. 야외에 나갈 때마다 반려동물과 함께 사용하면 된다.

약 2.5컵 분량

1. 모든 재료를 미스트 스프레이 병에 넣는다.
2. 사용하기 전에 잘 흔들어준다.

   밖에 나가기 전에 몸에 뿌려준다(얼굴 제외).

   밖에서 2시간 간격으로 뿌린다.

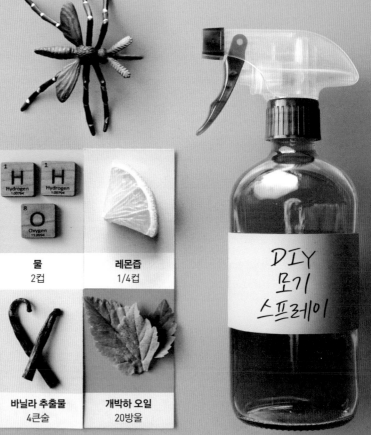

물
2컵

레몬즙
1/4컵

바닐라 추출물
4큰술

개박하 오일
20방울

DIY 해충 스프레이

님 나무(인도에 자생하는 상록수)로 만드는 님 오일은 곤충의 성장을 늦추고 질식시키고 탈피를 막고 호르몬을 방해해 번식하기 어렵게 만듦으로써 곤충을 물리친다. 바닐라 역시 억제제 기능을 하고 알로에 베라 겔은 혼합물이 더 잘 섞이도록 유화해준다.

약 1.25컵 분량
- 님 오일 1작은술
- 바닐라 추출물 1작은술
- 위치 헤이즐(풍년화) 1컵
- 알로에 베라 겔 1/4컵

1. 스프레이 병에 모든 재료를 넣고 흔들어 잘 섞어준다.
2. 매번 사용하기 전에 잘 흔들고 반려견에게 즉각 뿌린다(눈 제외!).
3. 야외에서 4시간마다 다시 뿌려준다. 2주에 한 번씩 새로 만든다.

해충 퇴치 팁: 캐런이 해충으로부터 개를 보호하기 위해 자주 사용하는 방법은 반려견용 삼각 스카프에 천연 해충 스프레이를 뿌린 후 목에 걸어주는 것이다. 그러면 털에 냄새가 남거나 끈적거리지 않는다. 해충 스프레이를 뿌려주더라도 밖에서 돌아오면 항상 벼룩이나 진드기가 있는지 빗질로 확인해야 한다. 벼룩은 촌충이나 벼룩 알레르기 피부염을 일으킬 수 있는 성가신 존재이며 벼룩 샴푸(262쪽 참조)나 벼룩 빗으로 제거할 수 있다. 하지만 진드기는 생명까지 위협할 수 있다. 귀 뒤쪽, 발바닥, 다리 아래 등 진드기가 붙어 있을 만한 곳을 꼼꼼히 살펴봐야 한다. 그 어떤 시판 살충제나 천연 퇴치제도 효과가 100%일 수는 없다.

코트 리프레셔 스킨 스프레이

목욕하지 않을 때 이 스프레이를 뿌려주면 털의 냄새를 없애고 상쾌하게 해줄 수 있다.

추가 선택에 따라 2 ~3컵 분량

• 애플 사이다 비니거 1/2컵

• 녹차 1/2컵

• 정수된 물 1컵

• 선택 사항:

  ◦ 페퍼민트차 1/2컵

  ◦ 카렌듈라차 1/2컵

  ◦ 라벤더 에센셜 오일 5방울

1. 모든 재료를 섞어 스프레이 병에 넣는다.

2. 잘 흔들어주고 털을 상쾌하게 해줄
   필요가 있을 때마다 뿌려준다.

3. 냉장고에서 한 달까지 보관한다.

눈 세정제

자극제와 알레르겐을 제거하려면 반려동물의 눈을 깨끗하게 관리해주어야 한다. 털이 눈을 자극하는 경우가 많으니 눈의 먼지나 이물질을 닦아주는 것은 주인의 임무다. 필요하다면 하루에 한 번씩 물에 적신 깨끗한 천과 순수 콜로이드 실버 또는 이런 천연 세정제로 반려동물의 눈을 소독하고 깨끗하게 관리해준다. 눈곱이 잘 떼어지지 않을 경우 코코넛 오일을 살짝 발라주면 쉽게 떼어질 것이다.

약 1/2컵 분량

• 눈에 들어가도 눈물이 나지 않는
  저자극성 유기농 아기 샴푸 1/4컵

• 정수된 물 1/4컵

1. 깨끗한 병에 재료를 넣고 섞는다.

2. 물에 적신 깨끗한 천이나 일회용 화장 솜에
   1작은술을 묻히고 눈가의 털을 살살 닦아준다.
   이물질이 전부 제거될 때까지 반복한다.
   깨끗한 물로 눈가를 씻어주고 마무리한다.

코트 리프레셔
스킨 스프레이

6장 몸을 위한 레시피

치약

입 냄새를 물리치자! 이 치약에는 치주 질환을 일으키는 특정 박테리아의 생물막 형성을 제한하는 효과가 증명된 석류 추출물이 들어간다.

약 1/4 컵 분량

- 코코넛 오일 2큰술
- 베이킹 소다 2큰술
- 석류 추출물 200mg
- 선택 사항:
  ◦ 미량 미네랄trace minerals 5방울
  ◦ 클로브 에센셜 오일 2방울

1. 녹은 코코넛 오일을 작은 볼에 넣는다. 밀폐 가능한 작은 용기에 넣어도 된다.
2. 베이킹 소다 또는 클레이, 석류 추출물(캡슐은 안의 내용물만 사용하고 정제는 갈아서 사용), 미량 미네랄, 에센셜 오일(사용하는 경우)을 넣는다.
3. 잘 섞어서 밀폐 가능한 용기에 넣는다 (1에서 볼에 넣었을 경우).
4. 밀폐해서 보관한다.

코코넛 오일	베이킹 소다	석류 추출물
2큰술	2큰술	200mg

미량 미네랄	클로브 에센셜 오일
5방울	2방울

구강 건강 증진: 열악한 구강 위생은 심장과 신장, 간 질환으로 이어질 수 있어 개와 고양이의 건강에 큰 위협이 된다. 3세 이상 개의 최소 80%가 치주 질환에 걸린다. 심지어 고양이의 경우에는 그 비율이 더 높을 수 있다(일부 연구에서는 고양이의 96%가 잇몸에 염증이 있다고 추정한다). 반려동물의 구강 위생을 쉽게 관리해주는 방법을 소개한다.

- 입을 만져도 개나 고양이가 불편해하지 않는 것이 중요하므로 평소에 신체 접촉할 때 얼굴을 부드럽게 만져주는 행동을 빠뜨리지 말자.
- 반려동물이 얼굴과 잇몸을 만지는 것에 익숙해졌다면 거즈나 깨끗한 얇은 면직물 조각 또는 화장 솜을 손가락에 감싸고 치약을 완두콩 크기만큼 덜어서 이빨과 잇몸을 문질러준다.
- 거즈나 면으로 한 번에 하나씩 이빨을 전부 닦아준다. 나중에는 거즈 대신 핑거 브러시로 바꾼다. 그다음에는 반려견의 입 크기에 맞는 부드러운 전용 칫솔로 바꾼다.

귀 세정제

반려동물의 귓구멍은 L자형이라서 이물질이 밖으로 나오기 어렵고 특히 안이 축축하면 세균과 곰팡이가 생기기 쉽다. 이 스프레이가 도움될 수 있다. 절대로 가늘고 뾰족한 도구로 귀 안쪽을 청소해주려고 하지 말자. 잘못하면 고막이 파열될 수 있다. 긁거나 문지르기, 붉어짐, 고개를 한쪽으로 기울이는 것, 분비물, 냄새는 염증이나 심각한 감염의 징후일 수 있음을 알아야 한다. 이런 증상이 나타나면 병원에 데려가자.

약 2/3 컵 분량
- 위치 헤이즐(풍년화) 1/3컵
- 과산화수소 3큰술
- 애플 사이다 비니거 1큰술
- 콜로이드 실버 1큰술

1. 볼에 재료를 넣고 잘 섞는다.
2. 물기 없고 깨끗한 밀폐용기에 화장 솜을 넣고 1을 붓는다. 용액이 화장 솜에 완전히 스며들도록 놓아둔다.
3. 필요한 만큼 화장 솜을 사용해서 귀를 청소해준다.
4. 귀 청소가 끝나면 마른 화장 솜으로 완전히 닦아준다.
5. 서늘하고 건조한 곳에 보관하고 매주 새로 만든다.

민들레 오일과 민들레 연고

민들레 오일은 반려동물의 피부에 황금과도 같은 만능 액체라고 할 수 있다! 중국의 전통 의학과 미국 원주민 사회에서 수천 년 전부터 약으로 사용되었다. 현대 연구에서는 민들레 오일이 피부 조직에 손상을 일으키는 활성산소종(reactive oxygen species, ROS)을 억제하고 해로운 UV를 흡수함으로써 세포 손상을 막는다는 사실이 증명되었다. 열 화상, 갈라진 코와 발바닥, 딱딱한 팔꿈치, 베인 상처나 찰과상, 귀 청소에 사용한다. 민들레 오일을 얼음 틀에 넣고 얼려서 약용 아이스 팩으로 사용할 수도 있다.

민들레 꽃의 양과 용기의 크기에 따라 분량이 달라짐

- 민들레 꽃송이(연고를 만들 경우 정확한 분량은 아래 확인)
- 오일(올리브 오일, 아르간 오일, 코코넛 오일 등 아무거나. 분량은 아래 확인)

민들레 꽃 말리는 법:

1. 민들레 꽃송이를 24 ~ 48시간 말린다. 습도가 높은 지역에서는 건조기를 사용한다. 곰팡이가 생기지 않도록 완전히 건조해야 한다.

연고 만드는 법:

1. 코코넛 오일 1/2컵과 말린 민들레꽃 1/3컵을 병에 넣는다.
2. 병을 중탕용 이중 냄비에 넣고 2시간 동안 따뜻하게(43℃ 미만) 둔다.
3. 꽃을 거른 후 오일을 식혀서 밀봉한다 (또는 바로 사용한다).

오일 만드는 법:

1. 꽃송이를 병에 넣는다. 너무 꽉 눌러 담지 않는다. 꽃을 덮고 맨 위까지 오일을 채운다. 뚜껑을 닫는다.
2. 시간 여유가 있다면: 햇볕이 잘 드는 따뜻한 창가에 병을 4 ~ 6주 동안 놓아둔다. 직사광선이 비친다면 종이봉투로 감싸 자외선으로부터 보호한다. 꽃을 꺼내고 오일을 사용한다.
3. 시간 여유가 없다면: 꽃송이가 든 병을 중탕용 이중 냄비에 넣고 2시간 동안 따뜻하게(43℃ 미만) 둔다. 꽃을 거르고 오일을 밀봉한다(또는 바로 사용한다).
4. 중탕용 이중 냄비가 없다면: 메이슨 병의 링 뚜껑을 냄비 안에 놓고 꽃이 든 병을 그 위에 올린다(링이 병을 받쳐서 병이 냄비 바닥에 닿지 않음). 병의 절반이 잠길 만큼 물을 붓고 약불(43℃ 이하)에 2시간 동안 둔다. 꽃을 거른 후 오일을 식혀서 밀봉한다 (또는 바로 사용한다).

발 보호 왁스

캐나다에 사는 로드니는 눈과 얼음, 길에 뿌려진 소금이 개들의 연약한 발바닥을 해칠 수 있다는 것을 잘 알고 있다. 이 왁스는 진정, 치유, 보호 효과가 있으므로 혹독한 겨울바람이 개들의 발을 아프게 하기 전에 미리 발라주자. 제설용 소금 성분이 침투하지 못하게 막아주기도 한다. 왁스를 예쁜 케이스나 머핀 포장지, 메이슨 병에 담아 예쁘게 포장하면 주변의 강아지들에게 훌륭한 크리스마스 선물이 될 것이다.

약 170g 분량

- 비즈왁스 28g
- 코코넛 오일 3큰술
- 카렌듈라 오일 3큰술
- 아보카도 오일 3큰술
- 라벤더 에센셜 오일 10방울
- 선택 사항: 카렌듈라 꽃

1. 작은 냄비에 비즈왁스와 코코넛 오일, 카렌듈라 오일, 아보카도 오일을 넣고 약불에서 녹인다.
2. 용기에 붓는다.
3. 카렌듈라 꽃과 에센셜 오일을 넣고 살살 저어준다.
4. 식힌다.

발 세척제

신발을 신지 않는 반려동물들은 발에 온갖 잔여물과 오염 물질이 묻는다. 이 발 세척제는 진정과 해독 효과가 있어서 특히 야외 산책을 다녀온 날 발을 담가주면 좋다. 소형견은 23×33cm 케이크 틀에 세척제를 붓고 네 개의 발을 한꺼번에 담글 수 있다.

약 1리터 분량

- 물 0.9리터
- 유기농 녹차 티백 4개
- 사리염(엡솜 솔트) 1/4컵
- 거르지 않은 유기농 애플 사이다 비니거 1/2컵

1. 물이 끓으면 불에서 내린다.
2. 티백과 소금을 넣고 소금이 녹을 때까지 잘 젓는다.
3. 식을 때까지 티백을 우린다.
4. 티백을 제거한 후 애플 사이다 비니거를 넣고 잘 저어준다.
5. 반려견의 한 발이 발목까지 잠길 정도의 양을 볼에 붓는다.
6. 용액이 털까지 스며들게 한다 (가능하다면 30초 동안).
7. 발을 빼고 물기를 닦아준다. 헹구지 않는다.
8. 나머지 세 발도 똑같이 한다.

펫 물티슈

콜로이드 실버는 소독 효과가 강력하다. 수의사들이 화상, 피부 상처, 피부 감염을 포함한 여러 외상을 치료하는 드레싱과 용액으로 사용하는 이유도 그 때문이다. 얼굴에도 안전하게 사용할 수 있어서 눈가와 귓가를 청소해 줄 때 좋다. 콜로이드 실버가 들어간 이 물티슈는 발, 귀, 털, 엉덩이 등 깨끗하게 닦아줘야 하는 모든 부위에 사용한다.

- 물 1컵
- 콜로이드 실버 3큰술
- 무향 카스틸 비누 1큰술
- 코코넛 오일 2큰술(24℃ 이상에서 액화)
- 선택 사항:
  ◦ 라벤더 에센셜 오일 5방울
  ◦ 두꺼운 키친 타올 1개

1. 모든 액체류를 볼이나 커다란 계량 컵에 담고 거품기로 젓는다.
2. 심을 뺀 키친 타올을 큰 유리병이나 깨끗한 재활용 물티슈 용기에 넣는다.
3. 키친 타올에 1을 붓고 완전히 흡수시킨다.
4. 필요할 때마다 한 장씩 찢어서 쓴다.
5. 뚜껑을 잘 닫는다.

홈메이드
펫 물티슈

감사의 말

이 책은 팀워크의 산물이다. 주변 사람들의 커다란 도움과 응원이 없었다면 절대로 이 책을 완성할 수 없었을 것이다.

우리의 멋진 팀메이트 베아 애덤스Bea Adams는 수개월 동안 끝없는 사진 촬영과 함께 시시각각 변화하는 무수히 많은 요소들을 조율하며 이 프로젝트를 위해 쉬지 않고 일했다. 그녀 없이는 불가능했을 프로젝트였다. 수전 레커Susan Recker 박사는 영양 수치를 끝없이 동물 식단 포뮬레이터에 입력했고, 스티브 브라운은 무한한 인내심으로 영양값을 확인하고 다시 확인했다. 이 세 사람의 헌신이 없었다면 반려동물들을 위한 신선식 레시피를 담은 책을 내는 우리의 꿈은 절대로 이루어지지 못했을 것이다.

우리는 자원해서 레시피와 영양 성분을 검토해준 수의학 영양사 도나 래디티크Donna Raditic와 로라 게이로드Laura Gaylord의 친절에 감동했다. 이미 진짜 음식을 이용해 반려동물들을 치료하고 병을 예방하는 전 세계 수의사들이 보내준 지지는 그 방법이 담긴 "안내서"를 만들고 싶다는 우리의 목표에 연료를 제공해주었다.

도그맘 사라 맥케이건Sarah Mackeigan은 슈비를 잘 먹이고 운동시키고 놀잇거리를 제공했다. 필자들의 어머니들은 매일 우리에게 맛있는 음식을 해주었다. 우리 가족들과 플래닛 포스Planet Paws 팀은 우리가 이 책 작업에만 열중할 수 있도록 신경 쓸 일을 가급적 치워주려고 최선을 다했다.

처음부터 우리와 함께한 르네 모린Renée Morin이 이끄는 유능한 관리자 팀도 우리의 멋진 온라인 커뮤니티 InsideScoop.pet을 알아서 잘 꾸려주었다. 조 숙모는 고객 문의 서비스를 나서서 맡아줌으로써 가족의 진정한 사랑을 느낄 수 있게 해주었다.

이 책에 필요한 주방 전문 지식을 제공해준 협력자 사라 듀런드, 로드니와 베아가 찍은 무수히 많은 사진을 정리하고 배치하는 것을 열정적으로 도와준 레아 칼슨-스타니시치Leah Carlson-Stanisic에게도 감사를 전한다. 마지막으로 처음부터 끝까지 지도를 아끼지 않은 킴 위더스푼Kim Witherspoon, 캐런 리날디Karen Rinaldi, 커비 샌데마이어Kirby Sandemeyer에게도 감사하다. 충실한 가족 편집장이 되어준 앤 베커Ann Becker에 대한 고마움도 빠뜨릴 수 없다.

삶에서나 일에서나 너무도 소중한 우리 두 사람의 관계에도 감사한 마음이다. 그리고 여러분, 나날이 커지고 있는 전 세계 반려동물 옹호자들과 반려동물 가족 커뮤니티에 감사를 전한다. 우리의 목표는 똑같다. 반려동물들에게 가장 행복하고 건강한 삶을 선사하는 것. 우리는 그 목표를 위해 올바른 선택을 내릴 수 있을 만큼 현명하다.

사진 출처

이 책에 수록된 모든 사진은 다음을 제외하고 모두 로드니 하비브와 베아 애덤스가 촬영했다.

6쪽: Dimitrios Karamitros; Shutterstock, Inc.

7쪽: Sarah Durand McGuigan

17쪽: Brynn Budden (Budden Designs)

23쪽: 아보카도, 로즈메리, 견과류, 연어: Epine/ Shutterstock, Inc.
체리: Nata_Alhontess/Shutterstock, Inc.
마늘: Sketch Master/Shutterstock, Inc.
스테이크: Bodor Tividar/Shutterstock, Inc.
버섯: Net Vector/Shutterstock, Inc.

24쪽: iStock.com/Laures

29쪽: Valeriya Bogdanovia 100/Shutterstock, Inc.

31쪽: Soloma/Shutterstock, Inc.

32쪽: 키위: mamita/Shutterstock, Inc.
그린빈: logaryphmic/Shutterstock, Inc.

33쪽: 시금치: Natalya Levish/Shutterstock, Inc.
아스파라거스: mamita/Shutterstock, Inc.
버섯: Artleka_Lucky/Shutterstock, Inc.
토마토: Olga Lobareva/Shutterstock, Inc.
당근: Vector Tradition/Shutterstock, Inc.
피망: logaryphmic/Shutterstock, Inc.
그린빈: Nata_Alhontess/Shutterstock, Inc.
브로콜리: bosotochka/ Shutterstock, Inc.

35쪽: 슬리퍼리 엘름 파우더, 마시멜로 뿌리 파우더: Foxyliam/Shutterstock, Inc.
호박: Qualit Design/Shutterstock, Inc.
활성탄: Net Vector/Shutterstock, Inc.

55쪽: yoko obata/Shutterstock, Inc.

58쪽: Brynn Budden (Budden Designs)

61쪽: Brynn Budden (Budden Designs)

66쪽: macrovector/Shutterstock, Inc.

68쪽: macrovector/Shutterstock, Inc.

70쪽: 로즈메리, 정향, 생강, 타임: artnlera/Shutterstock, Inc.

차이브: Nata_Alhontess/Shutterstock, Inc.
육두구: Nikiparonak/Shutterstock, Inc.

71쪽: Oaurea/Shutterstock, Inc.

79쪽: Antonov Maxim/Shutterstock, Inc.

80쪽: mamita/Shutterstock, Inc.

85쪽: iStock.com/Gulnar Akhmedova

101쪽: 아몬드, 땅콩, 호두, 캐슈: Sketch Master/ Shutterstock, Inc.
메밀, 해바라기씨: Spicy Truffel/Shutterstock, Inc.
바나나: mamita/Shutterstock, Inc.
밀가루: Qualit Design/Shutterstock, Inc.

112쪽: iStock.com/PeterHermesFurian

119쪽: Rodney Habib

125쪽: iStock.com/Gulnar Akhmedova

139쪽: Kuku Ruza/Shutterstock, Inc.
VECTOR X/Shutterstock, Inc.
Vector/Shutterstock, Inc.

145쪽: Tatiana Kuklina/Shutterstock, Inc.

149쪽: Brynn Budden (Budden Designs)

151쪽: Brynn Budden (Budden Designs)

159쪽: Nadzeya Sharichuk/Shutterstock, Inc.

162쪽: 달걀, 소금: Qualit Design/Shutterstock, Inc.
파슬리: Bodor Tirador/Shutterstock, Inc.
굴: mamita/Shutterstock, Inc.

171쪽: Nikolaenko Ekaterina/Shutterstock, Inc.

208쪽: Nadezhda Nesterovia/Shutterstock, Inc.

211쪽: iStock.com/dfli

241쪽: 캐모마일: Flaffy/Shutterstock, Inc.
레몬: Irina Vaneeva/Shutterstock, Inc.
허브: Katflare/Shutterstock, Inc.

276~277쪽: 포에버 도그 가족들과 친구들 제공

찾아보기

찾아보기

저자 소개

캐런 쇼 베커 박사Dr. Karen Shaw Becker

베커 박사는 반려동물의 건강을 위한 주도적이고 상식적인 접근법을 제안해서 전 세계 수백만 명의 반려인들의 지지를 받으며 소셜 미디어에서 가장 팔로워가 많은 수의사가 되었다. 그녀는 수십 년간 소동물 임상으로 일해왔고, 반려인들이 동물들의 복지를 증진시킬 수 있도록 생활 방식을 바꾸도록 독려해왔다. 베커 박사는 열정적인 작가이자 강연자이며, 건강 지향적인 다양한 단체의 웰니스 컨설턴트이다. 그녀는 평생 동안 열정을 쏟은 종(種)의 적절한 영양을 주제로 TEDx 강연을 한 최초의 수의사이다. 2023년 그녀는 아이오와 주립대학 수의대가 수의학 분야에서 뛰어난 업적을 달성한 사람에게 수여하는 최고상인 스탱상Stange Award을 받았다.

로드니 하비브Rodney Habib

강연자. 영화제작자, 다수의 수상 경력이 있는 콘텐츠 제작자이며, 세계 최대의 반려동물 건강에 관한 페이스북 페이지인 Planet Paws의 설립자이다. 무엇보다 그는 열정적인 반려인이다. 시민 과학에 대한 지대한 관심으로 동물 영양과 라이프 스타일에 대한 교육과 연구를 위한 비영리 단체인 Paws for Change Foundation을 설립했다. 로드니의 첫 TEDx 강연은 TED에서 개를 주제로 한 강연 중 가장 높은 시청률을 기록했다. Planet Paws는 최근 가장 영향력 있는 플랫폼 중 하나로 캐나다 정부의 공인을 받았다.

옮긴이 정지현

스무 살 때 남동생의 부탁으로 두툼한 신디사이저 사용설명서를 번역해준 것을 계기로 번역의 매력과 재미에 빠졌다. 대학 졸업 후 출판번역 에이전시 베네트랜스 전속 번역가로 활동 중이며 현재 미국에 거주하면서 책을 번역한다. 옮긴 책으로는 『포에버 도그』, 『창조적 행위』, 『행동하지 않으면 인생은 바뀌지 않는다』, 『아주 작은 대화의 기술』, 『우리는 모두 죽는다는 것을 기억하라』, 『타이탄의 도구들』, 『5년 후 나에게』 등이 있다.

포에버 도그 라이프

초판 1쇄 발행 2025년 3월 23일

지은이 로드니 하비브 & 캐런 쇼 베커 박사
옮긴이 정지현

펴낸곳 코쿤북스
등록 제2019-000006호
주소 서울특별시 서대문구 증가로25길 22 401호
디자인 필요한 디자인

ISBN 979-11-978317-8-2 03490

- 책값은 뒤표지에 표시되어 있습니다.
- 잘못된 책은 구입하신 서점에서 교환해 드립니다.

- 책으로 펴내고 싶은 아이디어나 원고를 이메일(cocoonbooks@naver.com)로 보내주세요.
  코쿤북스는 여러분의 소중한 경험과 생각을 기다리고 있습니다. ☺